Bernd Rosenstengel
Udo Winand

Petri-Netze

Aus dem Programm
Angewandte Informatik

W. Werum / H. Windauer
Introduction to PEARL
Process and Experiment Automation Realtime Language

B. Rosenstengel / U. Winand
Petri-Netze, Eine anwendungsorientierte Einführung

S. Zelewski
Komplexitätstheorie

B. Cronin / S. Klein (Eds.)
Informationsmanagement in Wissenschaft und Forschung

N. Szyperski / E. Grochla / U. M. Richter /
W. P. Weitz (Eds.)
Assessing the Impacts of Information Technology

P. Schmitz / H. Bons / R. van Megen
Software-Qualitätssicherung – Testen im Software-Lebenszyklus

Aus dem Programm
Informatik / Wirtschaftsinformatik

K. Kilberth
Einführung in die Methode des Jackson Structured Programming (JSP)

M. v. Bechtolsheim, K. Schweichhart und U. Winand
Expertensystemwerkzeuge
Produkte, Aufbau, Auswahl

E. Wischnewski
Modernes Projektmanagement
Eine Anleitung zur effektiven Unterstützung der Planung,
Durchführung und Steuerung von Projekten

H. Lippold / P. Schmitz / H. Kersten (Hrsg.)
Sicherheit in Informationssystemen
Proceedings des gemeinsamen Kongresses SECUNET '91 (des BIFOA)
und 2. Deutsche Konferenz über Computersicherheit (des BSI)

Vieweg

Bernd Rosenstengel
Udo Winand

Petri-Netze

Eine anwendungsorientierte Einführung

4., verbesserte und erweiterte Auflage

Die Deutsche Bibliothek – CIP-Einheitsaufnahme

Rosenstengel, Bernd:
Petri-Netze: eine anwendungsorientierte Einführung /
Bernd Rosenstengel; Udo Winand. – 4., verb. und erw. Aufl. –
Braunschweig: Vieweg, 1991

NE: Winand, Udo:

1. Auflage 1982
2., ergänzte und verbesserte Auflage 1983
3., verbesserte Auflage 1984
4., verbesserte und erweiterte Auflage 1991

Alle Rechte vorbehalten
© Friedr. Vieweg & Sohn Verlagsgesellschaft mbH, Braunschweig/Wiesbaden, 1991
Softcover reprint of the hardcover 1st edition 1991
Der Verlag Vieweg ist ein Unternehmen der Verlagsgruppe Bertelsmann International.

Das Werk einschließlich aller seiner Teile ist urheberrechtlich geschützt. Jede
Verwertung außerhalb der engen Grenzen des Urheberrechtsgesetzes ist
ohne Zustimmung des Verlags unzulässig und strafbar. Das gilt insbesondere für Vervielfältigungen, Übersetzungen, Mikroverfilmungen und die Ein-
speicherung und Verarbeitung in elektronischen Systemen.

ISBN-13: 978-3-528-33582-3   e-ISBN-13: 978-3-322-85075-1
DOI: 10.1007/ 978-3-322-85075-1

GELEITWORT DER HERAUSGEBER

In unserer Zeit ist es selten geworden, daß einer Theorie der Name ihres
Begründers gegeben wird. Die Petri-Netz-Theorie ist ein solcher Sonderfall.
Weltweit werden damit die Urheberschaft und maßgebliche Impulsgeberschaft
von C. A. Petri hervorgehoben. Er und seine Mitarbeiter bei der Gesellschaft für
Mathematik und Datenverarbeitung (GMD) haben die Grundlage der Theorie
geschaffen, entsprechend an ihrer Weiterentwicklung mitgewirkt und nicht
zuletzt über vielfältige Kontakte ihre Internationalisierung durchgesetzt. Zu kurz
gekommen ist bei der großen Anstrengung ein wenig die Diffusion der Ergebnisse in die potentiellen Anwenderbereiche. Allenfalls noch Informatiker wurden
erreicht. In einschlägigen Texten des Operations-Research oder der Graphen-
Theorie sucht man vergebens unter dem Stichwort "Petri-Netz".

Dabei scheint die Theorie überaus gute Voraussetzungen mitzubringen, um
dynamisches Verhalten komplexer sozio-technischer Systeme, also auch das von
Unternehmungen, auf graphentheoretischer Grundlage angemessen zu behandeln. Die Einfachheit, Modularität und Flexibilität der auf ihr basierenden
Modellbildung, ihre Anschaulichkeit, leichte Kommunizierbarkeit und relativ
einfache Erlernbarkeit prädestinieren sie geradezu für den Einsatz in Bereichen,
die mathematischer Analyse sonst eher verschlossen sind. Mit der Realisierung
benutzerfreundlicher Software-Unterstützung werden diese Voraussetzungen
laufend verbessert.

Wir halten es daher für angebracht, eine stärkere Verbreitung der Petri-Netze zu
forcieren. Der Text von Rosenstengel und Winand mildert die Strenge der oft
"abschreckenden" Mathematisierung der Theorie-Darstellung und vermittelt,
dank vieler Beispiele aus dem betriebswirtschaftlichen Bereich, ein Gefühl für
die Praxisnähe der Petri-Netze. Entsprechend dieser Zielsetzung enthält der Text
im einzelnen

- eine nicht formalisierte, durch viele Abbildungen, Beispiele und
  Aufgabenstellungen unterstützte Heranführung,
- eine auf die vorliegende Literatur abgestellte Erläuterung der Grundlagen,

-    zwei umfangreiche Anwendungsbeispiele und
-    ein Glossar der Zentralbegriffe.

Das vorliegende Buch wendet sich an Systemanalytiker, an Planungs- und Organisationsexperten in Verwaltung und Unternehmungen, vornehmlich im Produktions- und Logistikbereich sowie an Wissenschaftler und Studenten dieser Spezialisierung.

P. Schmitz
N. Szyperski

VORWORT ZUR 4. AUFLAGE

Für Anregung und Aufnahme dieses Buches in ihrer Reihe "Programm Ange-
wandte Informatik" danken wir den Herren Professor Dr. Paul Schmitz und
Professsor Dr. Norbert Szyperski recht herzlich. Herrn Professor Dr. C. A. Petri
widmen wir diese Schrift. Wir hoffen, daß die Kraft seiner Ideen *seine* Theorie
weiter beflügeln wird und ihm selbst die Muße und Gesundheit erhalten bleiben,
damit er noch lange als Mentor und Lehrer wirken kann.

Diese Einführung in die Petri-Netz-Theorie erscheint nun in der vierten Auflage.
Unsere Freude darüber gestehen wir. Wer verstünde sie nicht? Für die Gestaltung
der neuen Auflage waren die vermutlichen Ursachen des Erfolgs zu überprüfen,
waren neuere Entwicklungen der Petri-Netz-Technik und -Theorie zu sichten,
waren kritisch Anmerkungen zum Text zu integrieren.

Viele Zuschriften belegen unsere Vermutung, daß die Petri-Netz-Theorie in
vielen Fachbereichen unter der Hand zwar als Geheimtip gehandelt wird,
genauere Kenntnisse über sie jedoch eher als gering zu veranschlagen sind.
Ersteres hat uns überrascht, die Gründe für letzteres haben wir in unserer
Einleitung dargelegt: Die strikte Mathematisierung der Theorie, die spärlichen
dokumentierten Anwendungsversuche und -erfolge sind nicht geeignet, poten-
tielle Anwender zu gewinnen. Erfreulicherweise ist jedoch mitzuteilen, daß nun
erste geschlossene Darstellungen der Petri-Netz-Theorie in deutscher, allerdings
auch mathematischer Sprache vorliegen, die als Vertiefungen zu unserem Text zu
empfehlen sind, z. B. die im Nachtrag zu unseren Literaturhinweisen aufgeführten Bücher von Reisig und Starke. Dem latenten Interesse für Petri-Netze bot und
bietet unser Buch eine geschlossene, einfache und übersichtliche Informations-
quelle. Zugleich erleichtert es den Einstieg in die weiterführende, meist sehr
spezifische, mathematische Literatur. Dieses spezielle Anliegen unserer Kon-
zeption wurde von fast allen Rezensenten positiv gewürdigt. Daraus und aus dem
Vorliegen neuerer Petri-Netz-Monographien zogen wir die Konsequenz, den
Einführungscharakter und die Anwendungsorientierung noch stärker zu beto-
nen: Vor allem wurde der Text um ein umfangreiches, praktisch erprobtes
Fallbeispiel aus der Petrochemie ergänzt.

Erfreuliche Entwicklungen zeichnen sich in den korrespondierenden, lange sehr vernachlässigten Feldern der unterstützenden Softwareproduktion und der Anwendungsorientierung ab. Heute sind Softwareprodukte verfügbar, die hoffen lassen, daß auf diesem Gebiet die für praktische Anwendung ganz unerläßliche Grundlagen gegeben sind. Genauere Hinweise auf diese und weitere Entwicklungen finden sich in dem fortlaufenden Publikationsorgan der *Special Interest Group Petri Nets and Related System Models* der Gesellschaft für Informatik (GI). Dies gilt auch für Angaben zu Petri-Netz-Anwendungen, die zwar immer noch primär im Informatik-Bereich anzutreffen sind, die sich aber immer stärker auch betriebswirtschaftlichen Themen wie Verwaltungs- und Organisationsproblemen zuwenden. Überzeugende Durchbrüche hängen aber, wie überall im Gebiet des Operations Research, von der Verfügbarkeit einer benutzerangemessenen, funktionalen Software für Modellierung und Analyse ab. Diese Auflage des Buches hat jedenfalls von der Verfügbarkeit des Softwareprodukts Design (für den Apple Macintosh) profitiert. Zeichnungen und Lebendigkeitstests von Systemen waren einfacher und flexibler zu bewerkstelligen als dies bei den früheren Auflagen möglich war.

Dieses Vorwort darf nicht enden, ohne ein herzliches Dankeschön für manchen wertvollen Hinweis und manche konstruktive Kritik abzustatten. Besonderen Dank schulden wir Herrn Professor Dr. Zuse und Herrn Professor Dr. Reisig. Technische Unterstützung bei der Herstellung der 4. Auflage leisteten dankenswerterweise Frau J. Dirks und Frau G. Keuthen. Unsere Familien haben auch für diese Auflage Opfer erbringen müssen. Wir haben dabei erneut erfahren, daß man uns (immer noch) nicht gerne teilt.

Bernd Rosenstengel
Udo Winand

INHALT

EINLEITUNG

PETRI-NETZE: KEINE INSTRUMENTE ZUM FISCHE-FANGEN

Dieser sarkastisch-skeptische Hinweis darauf, was Petri-Netze *nicht* sind, stammt von P. Stahlknecht. Er wirft ein kräftiges Schlaglicht auf Bekanntheits- und Verbreitungsgrad einer, so P. Mertens, "jener wenigen deutschen 'Erfindungen'..., die auch in der US-amerikanischen Fachöffentlichkeit registriert werden". Allenfalls Informatik-Spezialisten haben die Petri-Netz-Theorie zur Kenntnis genommen; OR-Spezialisten oder gar Betriebswirtschaftler zucken im allgemeinen die Schultern, wenn sie mit dem Namen konfrontiert werden. Und selbst wenn ihre Neugierde angestachelt wird, werden sie sich schwertun, in ihrer eigenen Fachliteratur hilfreiche Hinweise aufzutun. Selbst in Büchern über Graphentheorie und Netzwerktechniken finden Petri-Netze in aller Regel "nicht statt".

Unbekanntheit dieses Ausmaßes kann nun zwei Ursachen haben: Zum einen, die Theorie lohnt den Aufwand einer Beschäftigung mit ihr nicht, zum anderen, ihr Potential wird bis heute nicht erkannt, d.h. es wurde nicht adäquat erschlossen, transportiert und demonstriert. Im ersten Falle hätte wenigstens eine entsprechende Auseinandersetzung stattfinden, ein Beleg geschaffen werden müssen. Eine derartige argumentierte Ablehnung steht jedoch aus. Sie ist u. E. auch nicht zu erwarten. Der zweite Grund weist auf Versäumnisse hin. Die Petri-Netz-Theorie wurde nicht breit genug distribuiert. Das minderte naturgemäß ihre Diffusionschance bzw. verlangsamte ihre Diffusionsgeschwindigkeit. Damit aber wurden sicherlich fruchtbare Entwicklungsanstöße vertan. Vor allem korrigierende oder anspornende Rückmeldungen aus konkreten Anwendungsversuchen blieben gering. Dies ist als Skizze einer Dilemma-Situation zu verstehen, keinesfalls als Vorwurf: Verbreitung *und* Entwicklung waren unter den gegebenen Bedingungen sicherlich nicht gleichzeitig zu bewerkstelligen.

Und so verwundert es auch nicht, daß eine Theorie, die, wie die Petri-Netz-Theorie, ein immenses Anwendungspotential enthält, dennoch zunächst "nur" von nahestehenden Kreisen aufgenommen wurde. Dies waren, wie angedeutet, Mathematiker- und Informatik-Spezialisten. Ihrem Kreis entstammt der Begründer der Theorie, C.A. Petri von der Gesellschaft für Mathematik und Datenverarbeitung (GMD), sowie weitere ihrer Wegbereiter wie Holt und Pnueli.

Die skizzierte Ausrichtung war und ist noch in zweifacher Weise prägend: Die Entwicklung der Petri-Netz-Theorie zielt in Richtung einer allgemeinen mathematischen Netztheorie, die auf das Herausarbeiten von Formalismen zur Erfassung von strukturellen und dynamischen Gemeinsamkeiten aller Netzklassen ausgerichtet ist. Die zur Veranschaulichung verwendeten, anwendungsnahen Beispiele entstammen der Informatik. Da Bereiche der Mathematik vorausgesetzt werden, die keinesfalls zum Lehrplan von z. B. Betriebswirtschaftlern, zum Teil nicht einmal von OR-Spezialisten zählen, und die Beispiele für ökonomische Anwendungen nicht selbst-evident sein können, faßte die Petri-Netz-Theorie trotz ihrer überzeugenden Voraussetzungen für konkrete Anwendungen in diesen Bereichen nicht Fuß.

Zu den positiven Voraussetzungen der Petri-Netz-Theorie zählen die Einfachheit, Modularität und Flexibilität ihrer Modellierungen, ihre prinzipiell leichte Erlernbarkeit und ihre Anschaulichkeit sowie ihre Mächtigkeit hinsichtlich der kompletten oder gezielten Analyse dynamischer Verhaltensweisen von Systemen. Alles dies wird im weiteren ausgeführt und belegt werden. Wir sind der Überzeugung, daß die Petri-Netz-Theorie für die Analyse dynamischen Verhaltens sozio-technischer Systeme ein Instrumentarium bietet, dessen Beherrschung - im notwendigen Umfang - den jeweiligen Experten, auch den interessierten Betriebswirtschaftlern, relativ leichtfallen wird; zumal die verdienstvollen Anstrengungen diverser Softwarehäuser, unterstützende (und vom mathematischen "Ballast" befreiende) Software-Pakete verfügbar zu machen, erste Früchte zu tragen beginnen.

Mit dem vorliegenden Text hoffen wir, die beiden unserer Meinung nach Kardinalhemmnisse für eine größere Verbreitung der Petri-Netz-Theorie, abbauen zu können: Er mildert die strenge Mathematisierung bei der Darstellung der Theorie (nicht die notwendige Mathematisierung der Theorie!) und versucht, über alltägliche und betriebswirtschaftliche Demonstrationsbeispiele die Praxisnähe der Theorie zu veranschaulichen. Unsere Einführung in die Petri-Netz-Theorie will dem Leser die Schwellenangst vor der ersten Beschäftigung mit mathematischen Texten nehmen und ihn behutsam für weitergehende, eventuell erforderliche Studien vorbereiten.

Zu diesem Zweck wird in *Abschnitt A* jegliche Formalisierung vermieden. In rein verbaler Form bzw. in graphischer Darstellung werden die Grundelemente und Zusammenhänge der Petri-Netz-Theorie dargelegt. Dazu werden eine Reihe von Beispielen und einige Aufgaben zu Selbstbeschäftigung (selbstverständlich mit Aufgaben-Lösungen) beigegeben. *Abschnitt B* bietet ein Fallbeispiel aus dem Bereich der Betriebswirtschaft, das von uns in weitgehend identischer Form bereits in der Zeitschrift für Betriebswirtschaft (ZfB), 50. Jg., (1980), S. 1229-1256 publiziert wurde. Dieses Beispiel illustriert nachhaltig das beachtliche Anwendungspotential der Theorie. Es demonstriert, weshalb eine nähere Bekanntschaft mit ihr die relativ geringe Mühe des Kennenlernens lohnt. *Abschnitt C* erläutert ein weiteres Beispiel aus dem technisch-wirtschaftlichen Sektor eines petrochemischen Großunternehmens, das speziell auf die Verbindung mit anderen Methoden hinweist.

A. Anwendungsorientierte Darstellung der Elemente und Zusammenhänge der Petri-Netz-Theorie

1. Kurzcharakteristik der Petri-Netz-Theorie

(1) *Formal* entsprechen Petri-Netze spezifischen mathematischen Strukturen, die bestimmte Axiome erfüllen. Petri-Netze sind gerichtete Graphen.

Unter einem *Graphen* versteht man allgemein eine Menge von Punkten (Knoten), die untereinander verbunden sind (vgl. z. B. Abb. 1).

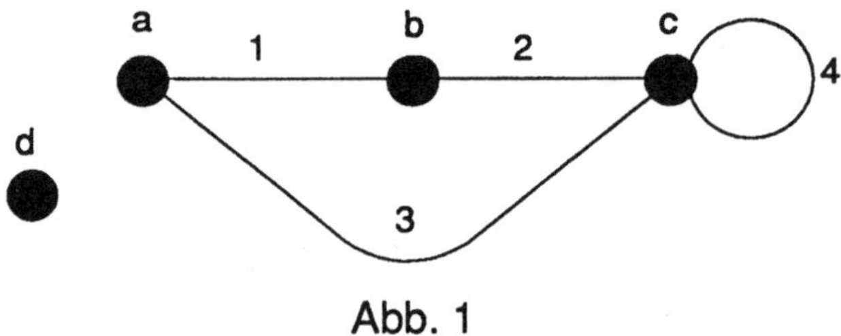

Abb. 1

Gerichtete Graphen zeigen zusätzlich die Art der Verbindung zwischen den Knoten (z. B. die Richtung der Einflußnahme - vgl. Abb. 2).

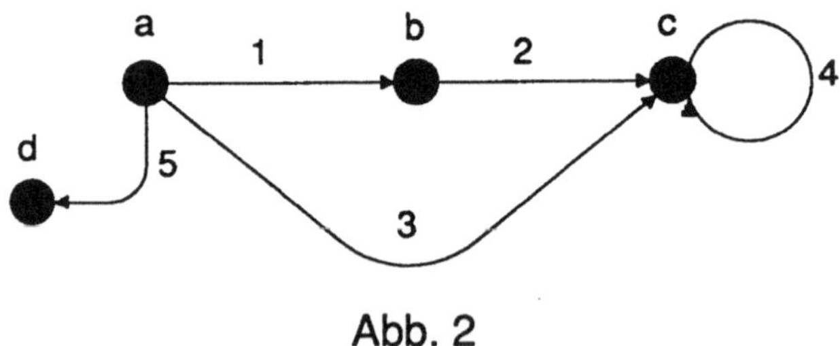

Abb. 2

Die Petri Netz-Theorie ist eine *axiomatisierte* mathematische *Theorie*. Dies soll nicht abschrecken. Die Petri-Netz-Theorie ist, wie zu zeigen sein wird, zugleich auch eine "einfache" und sogar "benutzerfreundliche", vor allem aber eine anschauliche Theorie.

(2) *Problemorientiert* dienen Petri-Netze der graphentheoretischen Repräsentation von Systemstrukturen sowie der mathematischen Analyse von bestimmten dynamischen Charakteristiken der abgebildeten Systeme.

(3) Die *(statische)* Struktur von Petri-Netzen wird durch gerichtete *Kanten* (Pfeile) und zwei wohlunterschiedene Klassen von *Knoten* dargestellt: *"Ereignisse"* und *"Zustände"* genannt. Die Kanten verbinden stets ein Ereignis mit einem Zustand (bzw. umgekehrt), niemals Ereignisse miteinander oder Zustände miteinander.

Ein Petri-Netz enthält *keine isolierten Knoten* und *keine parallelen Kanten oder Doppelpfeile*. Ausgeschlossen sind mithin die in Abb. 3 aufgelisteten Fälle:

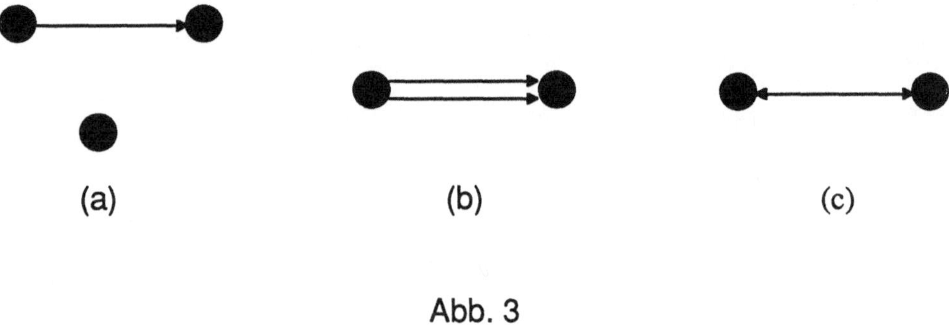

Abb. 3

(4) Petri-Netze erlauben, gestützt auf die zugrunde gelegten Axiome, definierte mathematische Manipulationen, d. h. die Anwendung mathematischer Sätze. Diese liefern die Grundlage für die *Analyse dynamischer Verhaltensweisen* innerhalb der (statischen) Netzstruktur.

Dynamisches Verhalten innerhalb der Petri-Netz-Struktur (sprich das Realisieren von Zuständen in Abhängigkeit von der Realisation anderer Zustände) wird mit Hilfe der sogenannten *"Markierung"* (von Zuständen) visualisiert.

"Die strukturellen Eigenschaften der Petri-Netze werden durch Regeln für das dynamische Verhalten ergänzt" (Zuse, 22). Sichtbar wird dies in der *bedingten Veränderlichkeit* der angesprochenen Markierung der Netzzustandsknoten.

2. Die Elemente der Petri-Netz-Theorie

2.1 "Statische" Elemente der Petri-Netz-Theorie

Die Petri-Netz-Theorie unterstellt, daß die Elemente beliebiger Systeme und deren Zusammenwirken mit Hilfe von zwei Beschreibungskategorien darstellbar sind, und zwar durch

- *Zustände* (oder Bedingungen oder Stellen oder Plätze oder S-Elemente genannt) und durch

- *Ereignisse* (oder Transitionen oder Aktionen oder T-Elemente genannt).

Zustände bzw. Ereignisse können z. B. so unterschiedliche Phänomene sein wie:

Zustand	*Ereignis*
Familienstand	Trauung
Ampelfarbe	Fahrzustand
Datei	Dateizugriff
Produkt	Produktionsprozeß
Lagerbestand	Lagerbewegung
Verkaufspreis	Verkauf
Umsatzhöhe	Verkauf
Lieferbereitschaft	Lieferung
Kassenstand	Auszahlung

Zustände stehen für die *momentane Lage* eines Systems bzw. den Stand eines Prozesses: So kann sich der Mensch im Prozeß der "Verheiratung" in den Zuständen "Ledig" und "Verheiratet" befinden. Den Übergang bewirkt das *(aktive Element)* "Trauen", das *Ereignis*.

Die umgangssprachliche Bedeutung der Basisbegriffe führt jedoch (wie häufig in der Mathematik) unter Umständen in die Irre. Wichtig ist daher der *zwischen Zuständen und Ereignissen bestehende formale Zusammenhang*, der natürlich für problemorientierte Analysen stets auch inhaltlich-materiell interpretierbar sein muß:

Es wird unterstellt, daß jedes Ereignis (Ereignen) eine exakt definierbare Menge realisierter Zustände (Vorbedingungen) voraussetzt und/oder eine exakt definierte Menge von Zuständen (Nachbedingungen) realisiert.

Oder anders (dual) formuliert:

Jeder Zustand wird durch mindestens ein Ereignis aufgehoben (beendet) und/oder durch mindestens ein Ereignis eingeleitet (realisiert).

Dieser *kausal-logische* Zusammenhang zwischen Zuständen und Ereignissen wird durch gerichtete Kanten (Pfeile) dargestellt, wobei man sich in der Petri-Netz-Theorie zweckmäßigerweise unterschiedlicher Symbole für Zustands- und Ereignisknoten bedient. Im allgemeinen stehen

Kreise für Zustandsknoten und
Quadrate für Ereignisknoten (vgl. z.B. Abb. 4).

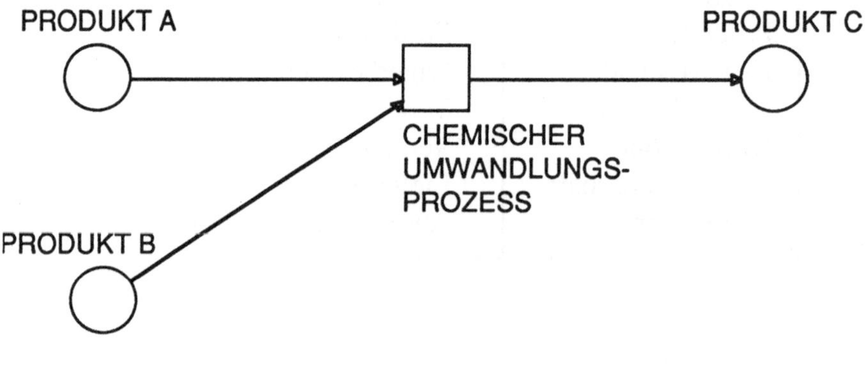

Abb. 4

Zustände bzw. Ereignisse sind im Rahmen der Petri-Netz-Theorie also stets durch ihre unmittelbare, *lokale Umgebung* festgelegt bzw. beschreibbar. Die Tatsache, daß ein auslösender Zustand selbst wieder durch ein Ereignis realisiert wurde, ist für die Beschreibung des nachfolgenden Ereignisses unmittelbar nicht bedeutsam. Dieser Sachverhalt eröffnet ein beachtliches Potential für die *modulare Modellierung* von Systemen.

Selbstverständlich können die Zustandsknoten in dem Produktionsprozeß-Beispiel (Abb. 4) im Falle einer mehrstufigen Produktion wiederum Ergebnis (bei Produkt A und Produkt B) bzw. Auslöser (bei Produkt C) von Ereignissen (z.B. Umwandlungsprozessen) sein, etwa in der folgenden Weise (Abb. 5):

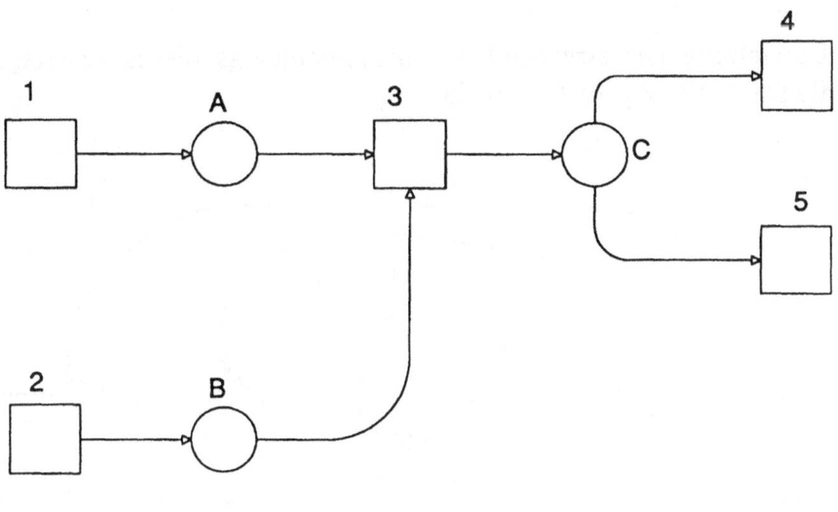

Abb. 5

Durch weiteres kausal-logisch begründetes Anfügen von Zustands-/Ereignis-gliedern bzw. von Ereignis-/Zustandsgliedern (hier also von 1-A, 2-B, C-4, C-5) kann das Modell der realen Produktionsstruktur sukzessive komplettiert werden. Ereignis-/Zustands- bzw. Zustands-/Ereignisglieder heißen in der Sprache der Petri-Netz-Theorie "Schritte". Der Ausgangspunkt der Modellierung ist dabei, dank der lokalen Orientierung der Prozesse, unerheblich.

Schließlich müssen die Zustands- und Ereignisdefinitionen in Petri-Netzen der einsichtigen Forderung entsprechen, daß ein Zustand bzw. ein Ereignis in derselben Systembetrachtung nicht zugleich auch Ereignis bzw. Zustand sein kann, oder formal ausgedrückt, daß die Durchschnittsmenge der Ereignis- und Zustandsknoten gleich der leeren Menge ist (beide Mengen also überschneidungsfrei sind).

Beispiel
Drei Verbraucher haben Zugriff zu einem Lager. Sie können Teile des Lagerbestandes entnehmen oder das Lager räumen. Bei Teilentnahme können weitere Entnahmen stattfinden. Die Auffüllung erfolgt automatisch gemäß Liefervertrag. Bei Räumung muß das Lager durch den Beschaffer in einer Sonderaktion (aber zeitlos!) aufgefüllt werden.

Zur Darstellung des strukturellen Zusammenhangs dieses Lagersystems genügt die Darstellung gemäß Abb. 6a.

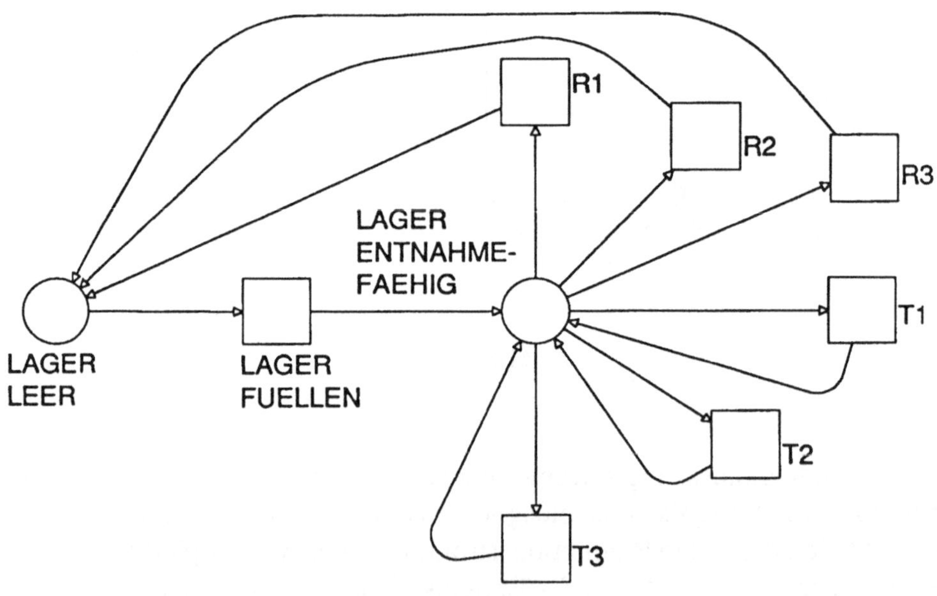

Abb. 6a

Abb.6a ist jedoch, einer *Konvention* der Petri-Netz-Theorie gemäß, nicht zulässig, da der Zustand "Lager entnahmefähig" für die einzelnen Ereignisse "Teilentnahme" zugleich Eingangs- und Ausgangszustand darstellt. Der tiefere Sinn dieser Konvention wird im folgenden Abschnitt deutlich. Hier sind wir also gezwungen, eine differenziertere, vermutlich auch präzisere Modellierung zu finden (vgl. Abb. 6b). R bzw. T stehen für Räumung bzw. Teilentnahme, die Indizes 1 bis 3 für die entnahmeberechtigten Verbraucher.

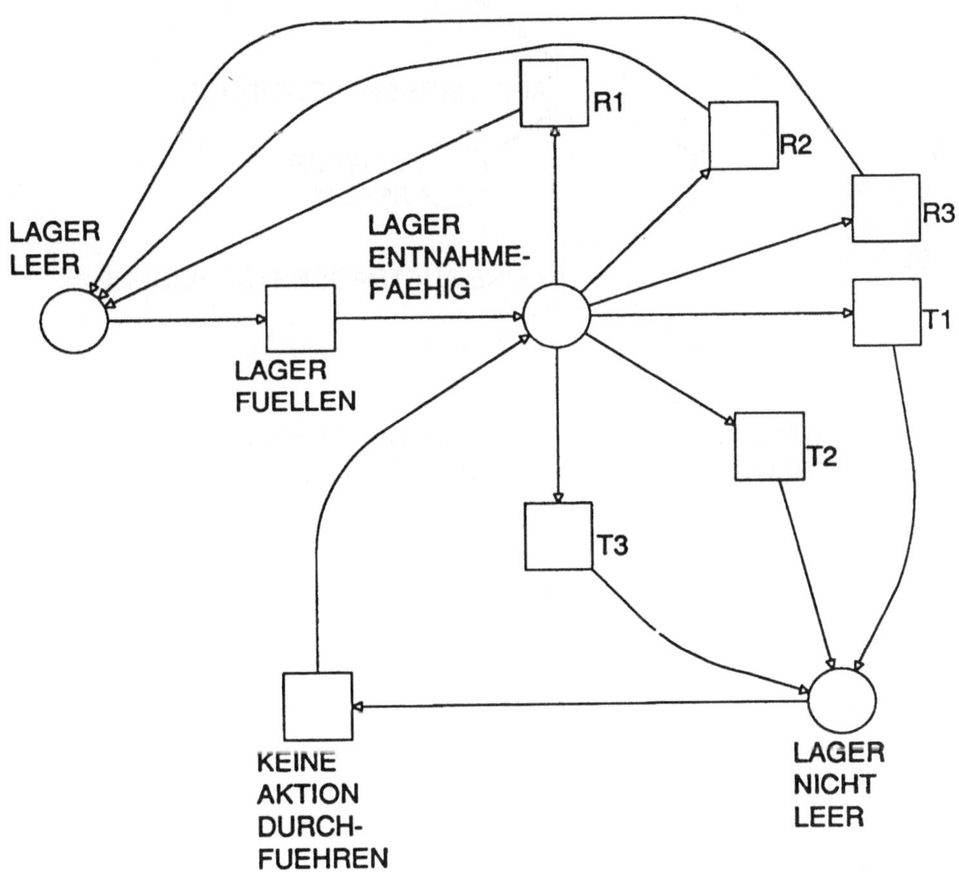

Abb. 6b

Beispiel

Die Entscheidungssituation zwischen einem Verkäufer und einem Käufer soll modelliert werden. Der Käufer K hat die Alternativen, einen Auftrag zu erteilen oder nicht. Der Verkäufer ist lieferbereit. Abb. 7 zeigt eine Petri-Netz-Modellierung der Situation.

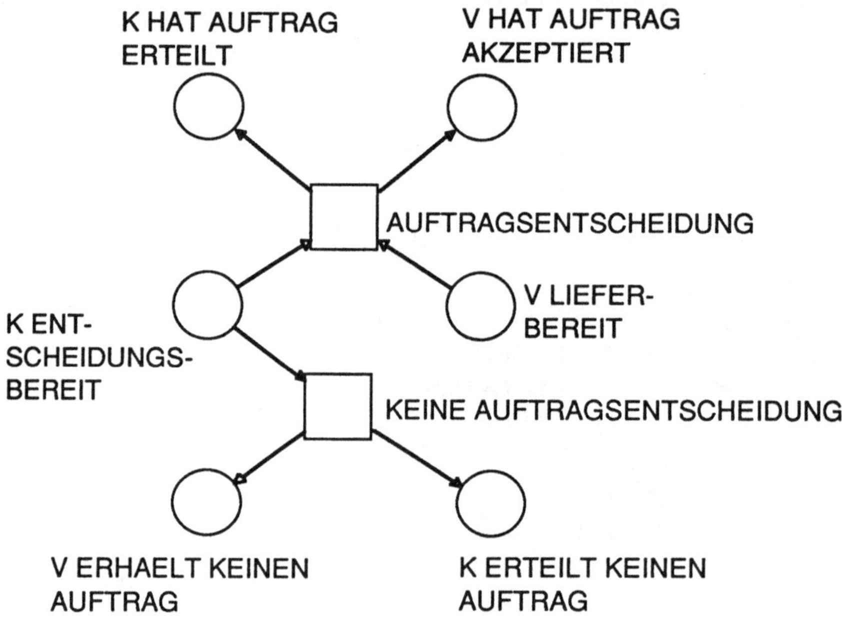

Abb. 7

Aufgabe 1:

Der Schalterraum einer Behörde ist mit einem Beamten B besetzt, der für die Bearbeitung eines Antrags zuständig ist. Die Bearbeitung erfolgt in Anwesenheit des Antragstellers A. Aus Datenschutzgründen darf stets nur ein Antragsteller den Raum betreten.

Abb. 8 gibt eine mögliche Darstellung des Zusammenhangs von Zuständen und Ereignissen, die sich im Verlaufe der Bearbeitung des Antrags ergeben, wieder. Versuchen Sie, die nicht beschrifteten Ereignisse bzw. Zustände im Sinne der Aufgabenstellung zu charakterisieren.

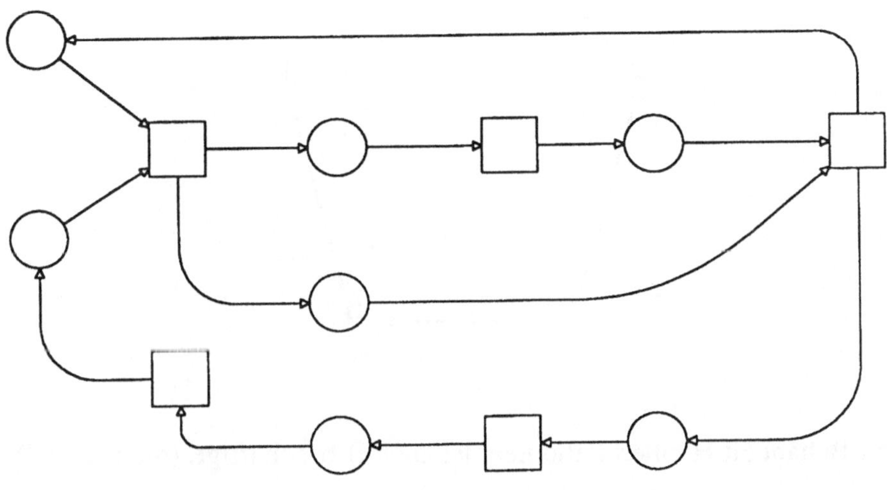

Abb. 8

Aufgabe 2:
Gegeben ist eine Gemeinschaftspraxis von fünf Fachärzten, die sich in bestimmter Weise (aufgrund von Erfahrung und nach Absprache) bei der Behandlung von Patienten paarweise unterstützen - ein Ideal vielleicht. Es sind dies Spezialisten für

-     Hals, Nasen, Ohren - H
-     Bronchialerkrankungen - B
-     Innere Medizin - I
-     Allergien - A
-     Urologie - U

Die paarweise Unterstützung ist folgender Graphik zu entnehmen (X -> Y, heißt X fordert Unterstützung durch Y):

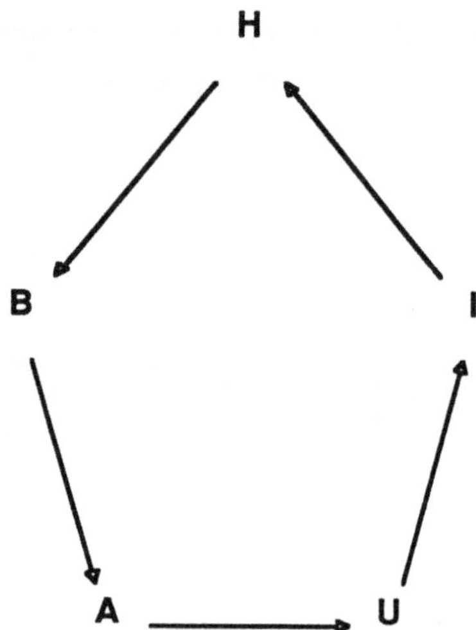

D. h.: Behandelt H einen Patienten, ist auch B beschäftigt, (nicht aber I).

Für jeden Spezialisten sind Patienten im Wartezimmer. Es ist eine Reihenfolge festzulegen, bei der, unterstellt man die Behandlung ist jeweils annähernd gleich zeitaufwendig und soll ohne Unterbrechung durchgeführt werden, keine Blockade oder unnötiger Leerlauf (für die Ärzte) eintritt. Versuchen Sie zunächst lediglich, den strukturellen Zusammenhang (Kausal-Logik) der gegenseitigen ärztlichen Unterstützungen in Form eines Petri-Netzes darzustellen.

2.2 "DYNAMISCHE" ELEMENTE DER PETRI-NETZ-THEORIE

Die bisherigen Überlegungen und Aufgaben zu den Elementen der Petri-Netz-Theorie zielten ausschließlich darauf ab, die Kausal-Logik der abzubildenden Systeme und Prozesse graphisch zu veranschaulichen. Innerhalb dieser Kausalstruktur sind dann aber in der Regel wohl unterscheidbare (*alternative* oder *parallele*) *Abläufe* möglich, deren Realisierung mit der Systemstruktur jeweils durchaus verträglich ist. Man denke nur an das Mediziner-Beispiel (Aufgabe 2) und die möglichen Patientenablauffolgen.

Zur Kenntlichmachung dieser Abläufe in Petri-Netzen bedient sich die Petri-Netz-Theorie eines ebenso einfachen wie anschaulichen Instruments: der schon angesprochenen *Markierungen* (oder Marken):

Jeder Zustand (jede Bedingung) in einem Netz, der (die) realisiert ist, wird mit einer Marke (Deut, token) belegt bzw. durch einen Punkt gekennzeichnet.

Sei also im Produktionsprozeß-Beispiel (Abb. 4) Produkt A verfügbar, Produkt B aber nicht, so erhält A eine Marke, B jedoch keine (Abb. 9).

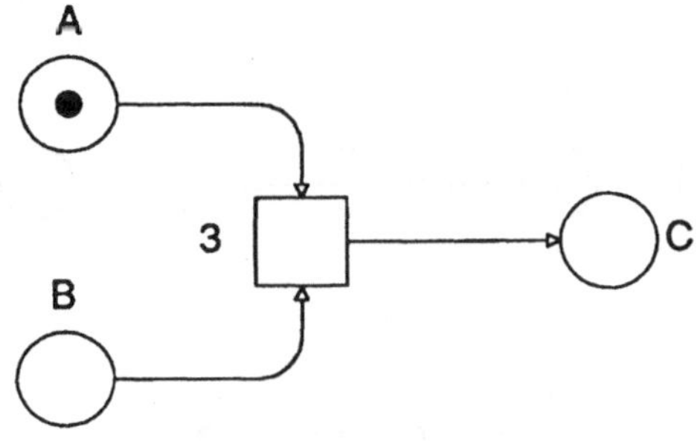

Abb. 9

Das bedeutet aber zugleich, daß für das Ereignis "Umwandlungsprozeß 3" nur eine der notwendigen Bedingungen (Voraussetzungen) erfüllt (oder verifiziert) ist; dieses Ereignis also aufgrund der kausal-logischen Zusammenhänge nicht stattfinden kann.

Die Petri-Netz-Theorie ist eine *allgemeine Netz-Theorie.* Sie befaßt sich mit einer großen Vielzahl verschiedener Netzklassen. Wir wollen für unsere Einführung an dieser Stelle eine wichtige *Einschränkung* vornehmen, die nur in wenigen Abschnitten des Textes aufgehoben werden wird:

Petri-Netze, die im folgenden betrachtet werden, sind dadurch ausgezeichnet, daß *pro Zustand maximal eine Marke zulässig* ist. Eine Mehrfach-Realisierung bzw. die Kumulierung von Marken wird durch diese Bedingung also ausgeschlossen:*"Ein-Marken-Petri-Netz"*.

Ein Ereignis kann (muß aber nicht!) in der Sprache der Petri-Netz-Theorie nur dann stattfinden (schalten), wenn es aktiviert ist. Ein *Ereignis* heißt *aktiviert* (unter Beibehaltung der obigen Einschränkung), wenn

-     seine Eingangszustände ausnahmslos markiert sind und
-     seine Ausgangszustände ausnahmslos markenfrei sind.

Dies sei anhand der folgenden Skizzen (Abb. 10) verdeutlicht: Schalten kann lediglich das Ereignis in Abb. 10a.

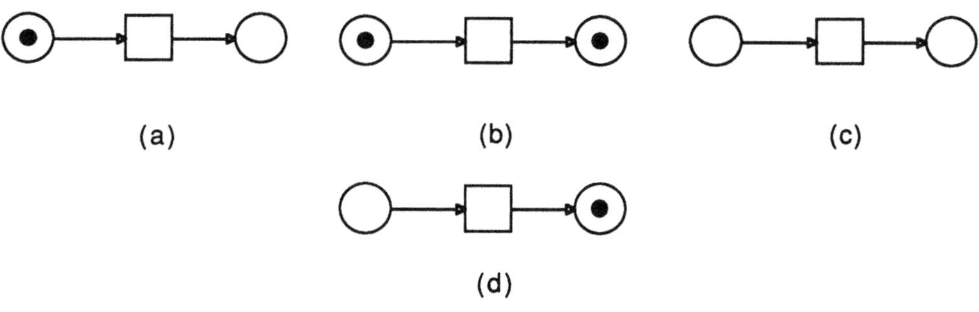

(a)   (b)   (c)

(d)

Abb. 10

Ein Ereignis kann nur dann stattfinden, wenn es aktiviert ist. Findet ein Ereignis statt, so werden die Marken von seinen Eingangszuständen entfernt und seine Ausgangszustände mit je einer Marke belegt (sie gelten nun als realisiert bzw. wahr). Graphisch entspricht dies dem Übergang von (a) zu (b) in Abb. 11.

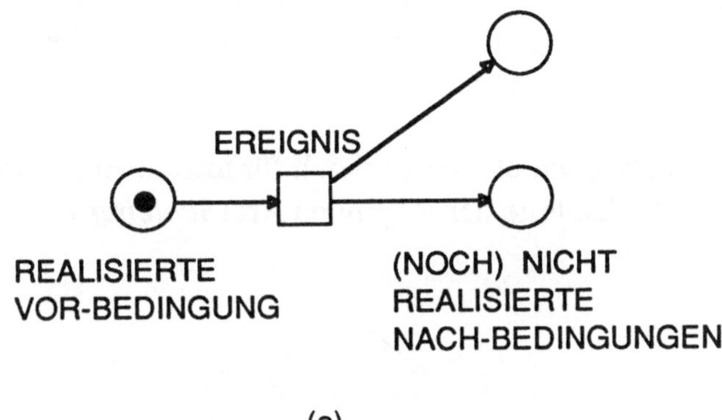

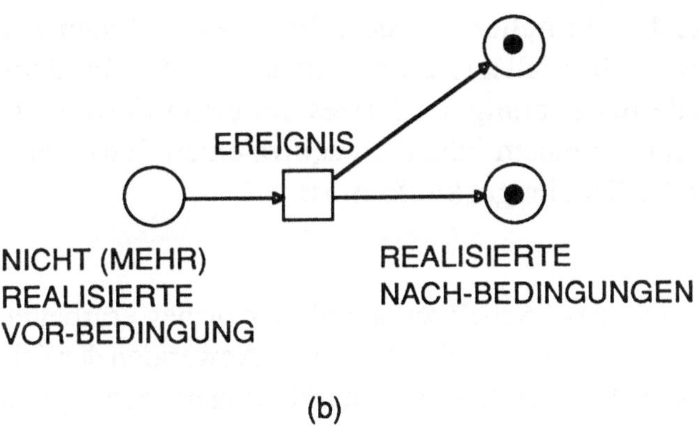

Abb. 11

Diese Vereinbarung über die Veränderung von Markensituationen in Petri-Netzen heißt *Schaltregel* (synonym: Transitions-, Simultationsregel oder firing-rule). Die Schaltvorgänge werden in der Petri-Netz-Theorie idealtypisch als zeitlos (ohne Zeitdimension) unterstellt. Ihre Anschaulichkeit kann erheblich erhöht werden, wenn das Netz auf einer Magnettafel gezeichnet wird und die Marken als kleine Metallscheiben entsprechend den Schaltvorgängen von Zustand zu Zustand verschoben werden. Dabei wird der dynamische Charakter von Petri-Netzen besonders einprägsam hervorgehoben. Dies visualisiert analog das

Softwaresystem *Design* mit seiner Simululations-Utility automatisch. Petri-Netze sind in diesem Sinne als Netze mit veränderlicher Markierung (als schaltbare Netze also) zu charakterisieren.

Die Schaltregel beinhaltet aber zugleich für unsere Ein-Marken-Petri-Netze die Folgerung, daß Netzteile der folgenden Art (*Schleifen*)

auch bei Markierung des Zustands formal nicht schaltbar sind. Sie müssen dementsprechend reformuliert werden. In unserem Lager-Ausgangsbeispiel (Abb.6a) lag ein solcher Fall im Zusammenhang mit der Teilräumung vor. Durch eine rein formale Erweiterung des Netzes um einen Zustand und ein Ereignis gelangten wir dort zu einem inhaltlich äquivalenten Petri-Netz, das nun allerdings auch mit der Schaltregel konform ist.

Aufgabe 3:
Der Leser prüfe das "Schaltverhalten" der bisher erarbeiteten Petri-Netze gemäß den Abbildungen durch sukzessives Anwenden der Schaltregel auf der Grundlage der folgenden Ausgangsmarkierungen nach (vgl. Abb. 12, 13, 14)!

K HAT AUFTRAG ERTEILT
V HAT AUFTRAG AKZEPTIERT
AUFTRAGSENTSCHEIDUNG
K ENT-SCHEIDUNGS-BEREIT
V LIEFER-BEREIT
KEINE AUFTRAGSENTSCHEIDUNG
V ERHAELT KEINEN AUFTRAG
K ERTEILT KEINEN AUFTRAG

Abb. 12

B FREI
A GIBT B ANTRAG
B ARBEITET
B GIBT A BESCHEI
RAUM GESPERRT
B HAT ANTRAG
ANTRAG FERTIG
A WARTET
ANTRAGSTELLER BETRITT DEN RAUM
A IST FERTIG
RAUM FREI
A VERLÄSST DEN RAUM

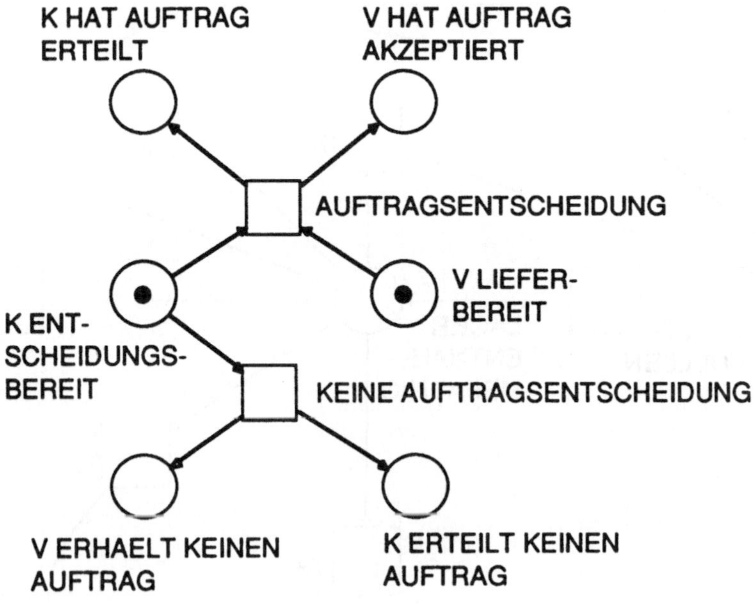

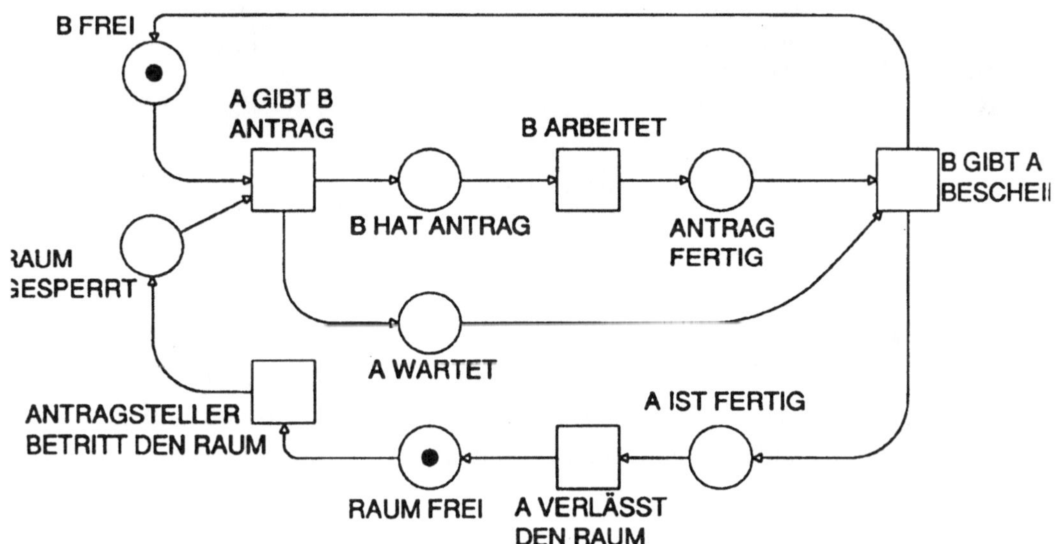

Abb. 13

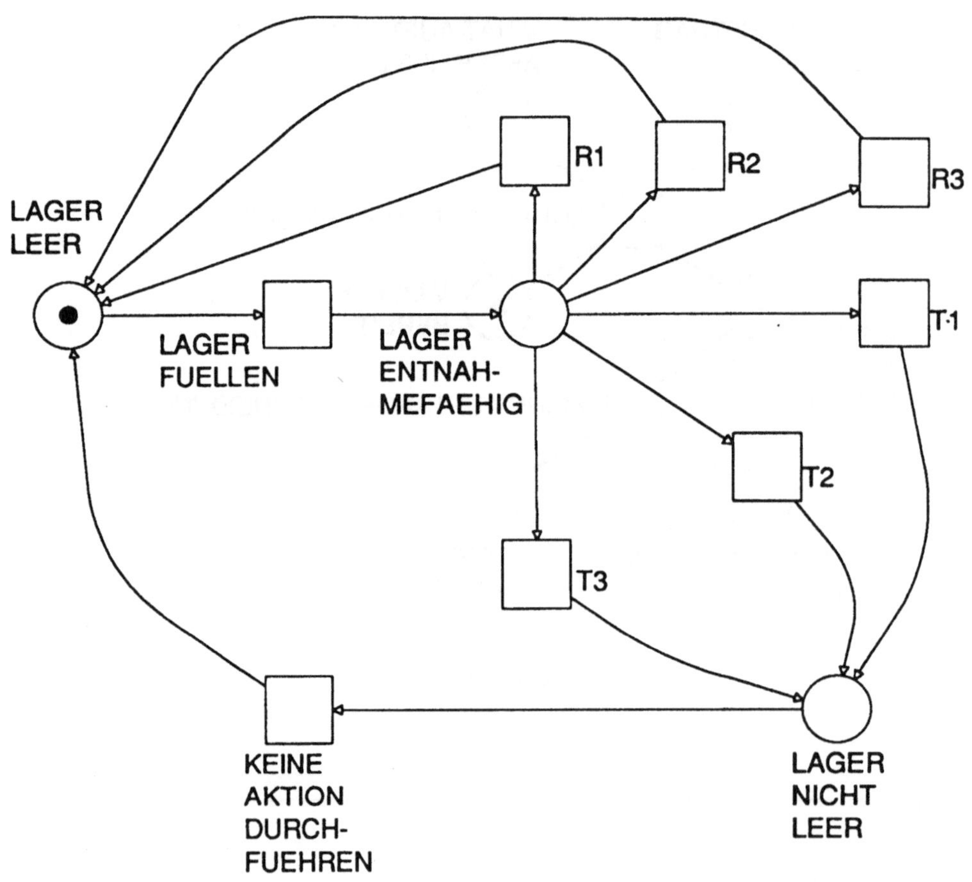

Abb. 14

Aufgabe 4:
Zwei Produktionsabläufe (A1 und A2) sind so zu gestalten, daß A1 endet
bevor A2 geendet hat. Zeichnen Sie ein entsprechendes Petri-Netz und geben
Sie die entsprechende Ausgangsmarkierung an.

Einige Ergänzungen sollen die Basis-Aussagen zum Komplex "Markierung und Schalten in Petri-Netzen" abrunden:

(1)   Das Markieren der Zustände (und damit letztlich auch das Schalten in Petri-Netzen) kann exogen oder endogen erfolgen.

  -    *Exogen* bedeutet z. B., daß aufgrund empirischer Beobachtungen des Modellbenutzers dieser einen Zustand als wahr erkennt und markiert.

  -    *Endogen* bedeutet, daß ein Ereignis aufgrund der Kausal-Logik im Verein mit der Schaltregel stattfindet (schaltet) und damit die Nach-Bedingungen als wahre Aussagen markiert.

(2)   Die oben vorgestellte Schaltregel ist bei Ereignissen, die *keine Eingangs-zustände* aufweisen, zu ersetzen durch: "DasEreignis kann schalten, wenn seine Ausgangszustände unmarkiert sind", z. B.:

Für Ereignisse ohne Ausgangszustände gilt folgende Regel: "Das E r e i g - nis kann stattfinden, wenn alle Eingangszustände markiert sind", z. B.:

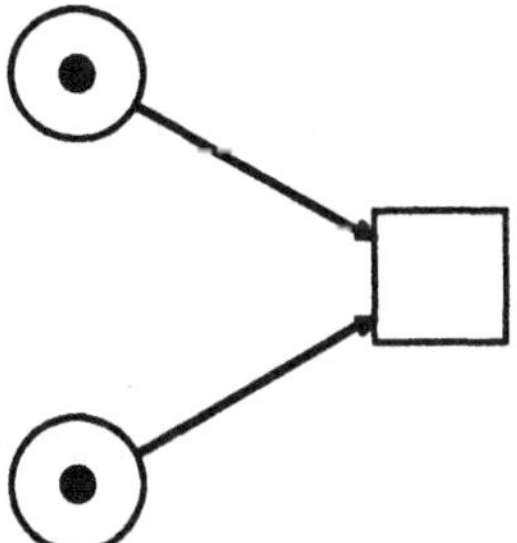

(3)   Die Möglichkeit des Schaltens ist (und da setzt sich die schon angesprochene lokale Orientierung der Petri-Netz-Theorie fort) ausschließlich von der Markierungssituation in unmittelbarer Umgebung eines jeden Ereignisses abhängig. Verschiedene Ereignisse in einem Petri-Netz können also durchaus gleichzeitig (oder nebenläufig oder parallel) schalten. Diese Art der Unabhängigkeit wird mit *Nebenläufigkeit* (concurrancy) betitelt. In den Schaltübungen wurde dieser Sachverhalt bereits genutzt.

(4)   Bei den Schaltübungen sollten durch die wiederholte Anwendung der Schaltregel alle Zustände des Systems ermittelt werden, in die das System, ausgehend von den vorgegebenen Anfangsmarkierungen, gebracht werden kann. Die erreichten Systemzustände heißen "erreichbar" bezüglich der gegebenen Anfangsmarkierungen.

(5)   Jede *maximale Menge von Zuständen* eines Netzes, *die* logisch bzw. empirisch *parallel* (gleichzeitig) realisiert sein kann, heißt *"Fall"*. Ein Fall beschreibt einen möglichen Zustand des Systems vollständig. Der Fall-Begriff erlangt vor allem in der mengentheoretischen Ausformulierung der Petri-Netz-Theorie zentrale Bedeutung. Bei praktischen Modellierungen tritt er unseres Erachtens zunächst in den Hintergrund. In unserem Bürobeispiel (Abb. 13) beschreibt die gegebene Ausgangsmarkierung ("B frei"; "Raum ist frei") einen Fall. Dagegen beschriebe die Markierung "Raum ist frei" ebensowenig einen Fall wie die Markierungssituation ("B hat Antrag"; "Raum ist frei"). Im ersten Falle liegt keine vollständige, maximale Beschreibung vor, im zweiten eine widersprüchliche.

Aufgabe 5:
Ein Ehemann befindet sich in der prekären Lage, außer einer Geliebten G auch noch ein Verhältnis mit seiner Sekretärin S zu haben. Ersteres ahnt seine Ehefrau E, letzteres die Geliebte. Aus seiner Sicht heraus besteht nun die Gefahr, daß die süßen Geheimnisse gelüftet werden, wenn die betroffenen Frauen Gelegenheit finden, sich auszusprechen. Geschähe das, so befürchtet er, die Kosten der Scheidung und die Kündigung der Sekretärin ohne den Trost der Geliebten überstehen zu müssen. Er muß also vermeiden, daß Frau und Geliebte bzw. Geliebte und Sekretärin unbeaufsichtigt zusammentreffen. Auf einer Party ergibt es sich nun, daß sich unser Mann plötzlich (ein Freund hilft

natürlich nach) von seinen Damen umringt wiederfindet. Nach einiger Zeit beschließt die Gesellschaft, in die Bar hinaufzufahren. Der Aufzug des Hauses reicht jeweils nur für zwei Personen. Zwei Damen fahren, da schon allerhand passiert ist im Hause, nie zusammen - das ist eine Regel. Wie aber soll unser Gebeutelter nun die Reihenfolge manipulieren, um den nachteiligen Konsequenzen zu entkommen? Versuchen Sie die Lösung in Form eines markierten Petri-Netzes zu formulieren.

3. STRUKTUREN UND MARKIERUNGSSITUATIONEN IN PETRI-NETZEN

Spätestens im Lagerbeispiel (Abb. 14) erweist sich die Schaltübung als problematisch. Die Markierung bei Zustand "Lager entnahmefähig" ist Vorbedingung gleich für mehrere Ereignisse. Da jedes Ereignis beim Schaltvorgang eine Marke löscht, der Zustandsknoten aber (vereinbarungsgemäß) nur eine einzige Marke aufweist, kann auch nur eines der Ereignisse stattfinden (schalten).

Diese Beobachtung läßt es geraten erscheinen, Petri-Netze daraufhin zu prüfen, welche kausal-logischen Strukturen auftreten können und welche Probleme diese Strukturen bei entsprechenden Markierungen für die Anwendung der Schaltregel aufwerfen.

(1) *Aktivierung* (Schaltbarkeit, Concession)
Dieser, unseren bisherigen Überlegungen meist stillschweigend zugrunde gelegte Fall, wirft für das Schalten keine Schwierigkeiten auf.

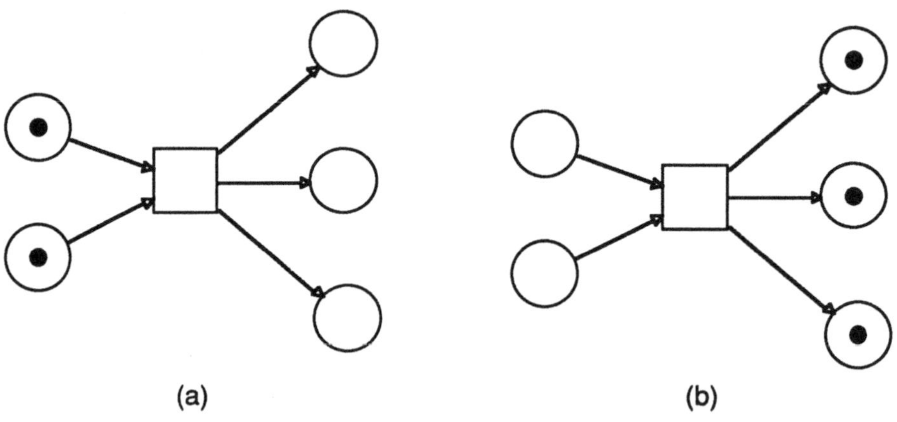

Abb. 15

Markierte Eingangszustände (die nicht zugleich auch Eingangszustände für andere Ereignisse sind) stehen unmarkierten Ausgangszuständen gegenüber (Abb. 15): Nach Schalten des Ereignisses in Abb. 15a resultiert Abb. 15b.

(2) *Begegnung* (Contact)
Diese Situation kennzeichnet, daß mindestens ein Ausgangszustand bereits markiert ist (Abb. 16). Das betroffene Ereignis kann mithin nicht schalten.

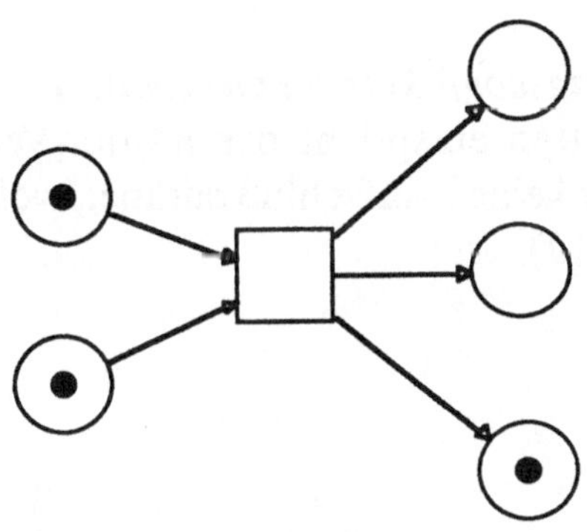

Abb. 16

Derartige Situationen können dann resultieren, wenn der inkriminierte markierte Zustand zugleich Ausgangszustand eines anderen Ereignisses ist (endogene Markierung), oder aber, wenn Systemstörungen, die kausal-logisch nicht vorhergesehen wurden, eintreten (exogene Markierung). Letzteres wäre, bezogen auf das Bürobeispiel, dann der Fall, wenn sich ein "unbefugter Antragsteller" eingeschlichen hat und nun "Raum gesperrt" bereits markiert, so daß der eigentlich "Befugte" nicht eintreten darf (vgl. Abb. 14).

(3) *Konflikt*
Diese Situation, zu der auch das Lagerbeispiel und die geschilderte Käufer-Verkäufer-Situation zählen, birgt ein echtes Entscheidungsproblem, das ohne
-     eine besonders in das Netz integrierteEntscheidungsregel (*endogene*

Konfliktlösung) oder
-    einen Eingriff von außen (*exogene Konfliktlösung*)

nicht lösbar ist, also zu einer Schalt-Blockade führt.Ursachen für Konflikte sind in der Regel Mangelsituationen, z.B. Ressourcenknappheit wie bei Konkurrenz um Werkzeuge, Rohstoffe, Boden, Parkraum, Frauen, Wertschöpfung etc.

Zwei *Konflikt-Varianten* sind zu unterscheiden:

-    *Der Verzweigungskonflikt (branch conflict)*
     Dieser Konflikttyp entspricht der Käufer-Verkäufer-Situation. Die Schaltregel gibt keinen Aufschluß darüber, welches Ereignis schalten soll (vgl. Abb. 17).

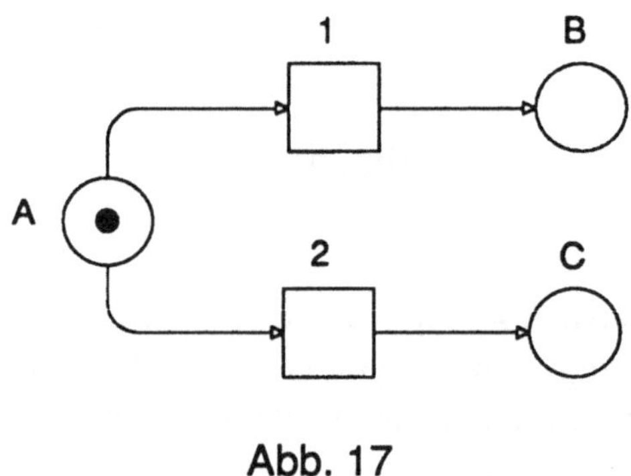

Abb. 17

Ein Eingriff von außen kann das Dilemma lösen, indem der Modellbenutzer das schaltende Ereignis bestimmt. Andererseits kann durch Einbau einer "Entscheidungsregel" dafür gesorgt werden, daß die Ereignisse gemäß vorgegebener relativer Häufigkeiten schalten. Man spricht dann von einem Petri-Netz mit einem Regulationskreis. Sollen die Ereignisse abwechselnd schalten, so kann die Netzstruktur der

Abb. 17 durch eine entsprechende Regel wie folgt komplettiert werden
(Abb. 18):

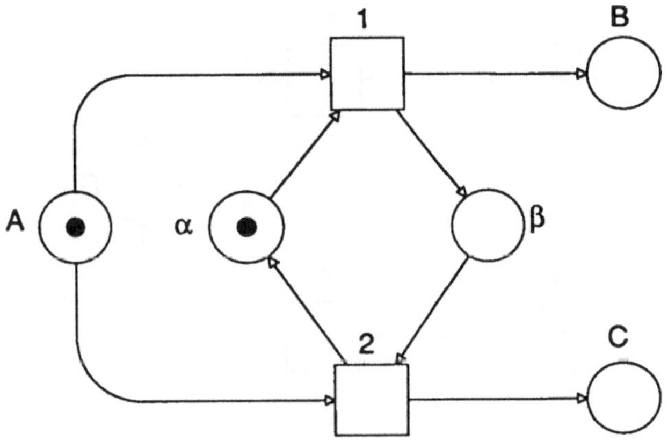

Abb. 18

Aufgrund der Beispielmarkierung in Abb. 18 schaltet Ereignis 1.
Gleichzeitig wandert die Marke von Zustand α (der Entscheidungsregel) nach Zustand β. Wird der Ausgangszustand erneut markiert,
kann nun ausschließlich Ereignis 2 schalten.

- *Der Wettbewerbskonflikt (meet conflict)*
  Resultierte der Verzweigungskonflikt formal aus einem "Markenman-
  gel", so rührt der Wettbewerbskonflikt formal aus einem "Marken-
  überangebot" her. Zu denken wäre etwa an die gleichzeitige Räumung
  des Lagers durch zwei Verbraucher unter der Bedingung, daß die
  Auffüllung nicht "zeitlos" erfolgt (das Lager also nicht "zweimal"
  geleert werden kann).

Beide Ereignisse in Abb. 19 können in unseren Ein-Marken-Petri-
Netzen nicht gleichzeitig schalten, da ansonsten der Ausgangszustand

vereinbarungswidrig mit zwei Marken belegt würde. Auch hier bedarf es also einer Entscheidung, die, wie im ersten Fall, exogen oder endogen erfolgen kann.

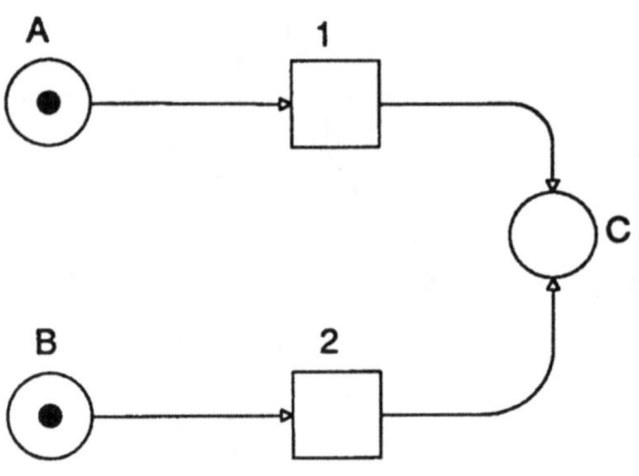

Abb. 19

Die endogene Variante arbeitet ebenfalls mit einem zusätzlich einge-bauten Entscheidungsregel-Kreis, dessen Mechanismus völlig analog funktioniert. (vgl. z. B. Abb. 20)

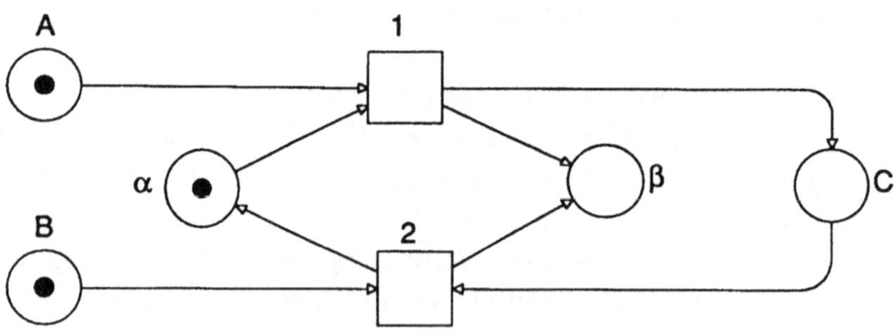

Abb. 20

(4) *Konfusion*
Konfusionen entsprechen verflochtenen Konfliktsituationen. Ihre Auflösung erfolgt prinzipiell analog der einfachen Konfliktregelung. Zwei Arten von Konfusionen werden unterschieden:

-      die symmetrische Konfusion (Abb. 21)

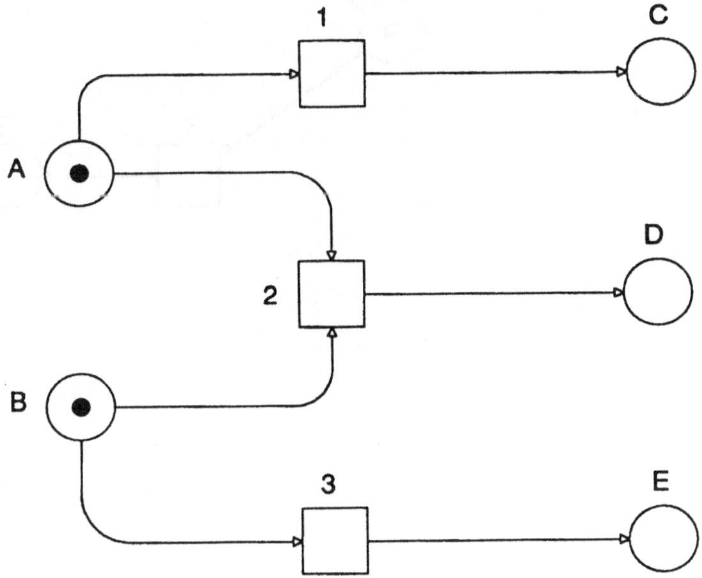

Abb. 21

-    und die asymmetrische Konfusion (Abb. 22).

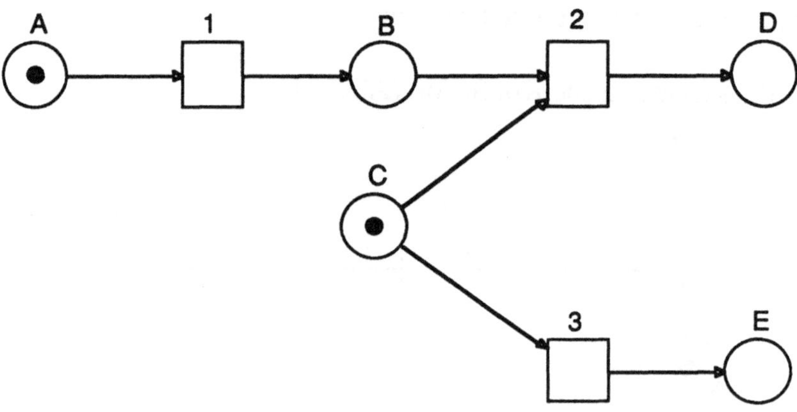

Abb. 22

Bei der *symmetrischen Konfusion* in Abb. 21 herrschen zwischen Ereignis 1 und 2 bzw. zwischen 2 und 3 "Verzweigungskonflikte", die untereinander über Ereignis 2 "verbunden" sind. Ein solcher Fall entspricht z.B. der Situation eines Bäckers, der mit zwei Mehlsorten A und B drei Produkte C, D und E herstellen kann, wobei Produkt D sowohl A als auch B beansprucht, so daß C und E nicht hergestellt werden können, falls D produziert wird. Der Bäcker kann sich variabel nach Preis, Kundenwünschen etc. (exogen) entscheiden, oder aber (endogen) einen Entscheidungsregel-Kreis (mit α, β_i, γ) installieren - z.B. für den Fall, daß die Herstellung von D mit der Herstellung von C und E abwechseln soll (Abb. 23):

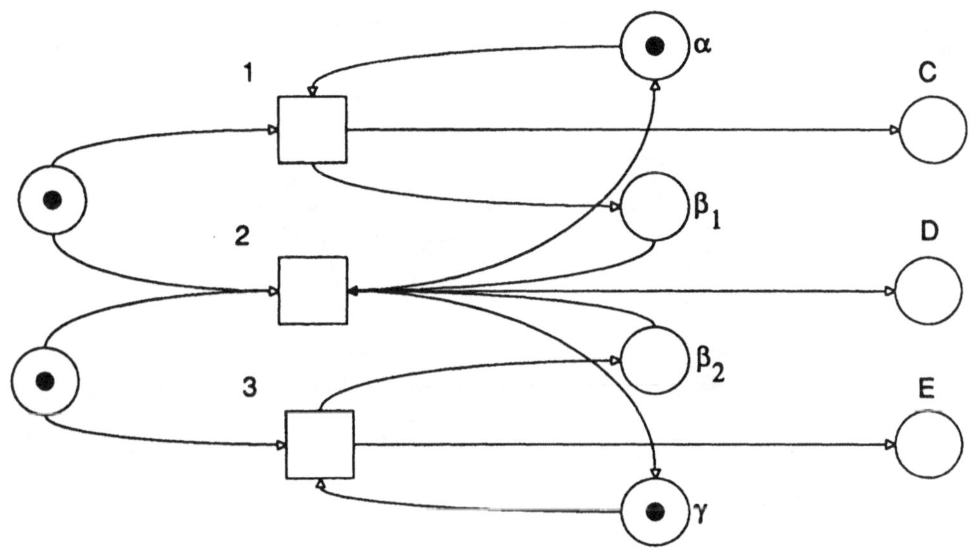

Abb. 23

Die *asymmetrische Konfusion* führt erst dann zum Konflikt, wenn z.B. in Abb. 23 Ereignis 1 schaltet. Erst dann entsteht zwischen 2 und 3 ein Konflikt "um die Marke" von Zustand C. Der Konflikt ist zunächst gelöst, wenn 1 und 3 gleichzeitig schalten (allerdings ist dann Ereignis 2 blockiert bis zur nächsten Realisierung von C, die jedoch sofort den beschriebenen Konflikt zur Folge hat). Durch Eingriff von außen oder wiederum durch eine eingebaute Entscheidungsregel kann diese Form der Konfusion behoben werden.

In Abb. 24 ist unterstellt, daß die Ereignisse 2 und 3 abwechselnd schalten sollen. Soll erst 2 schalten, so muß der α/β - Regulationskreis bei α markiert sein. Das garantiert, daß zuerst 1 schaltet und somit 2 aktiviert ist. D und β werden realisiert. Treten A und C wiederum als markierte Zustände auf, so ist dann zuerst 3 aktiviert, während 2 nicht schalten kann.

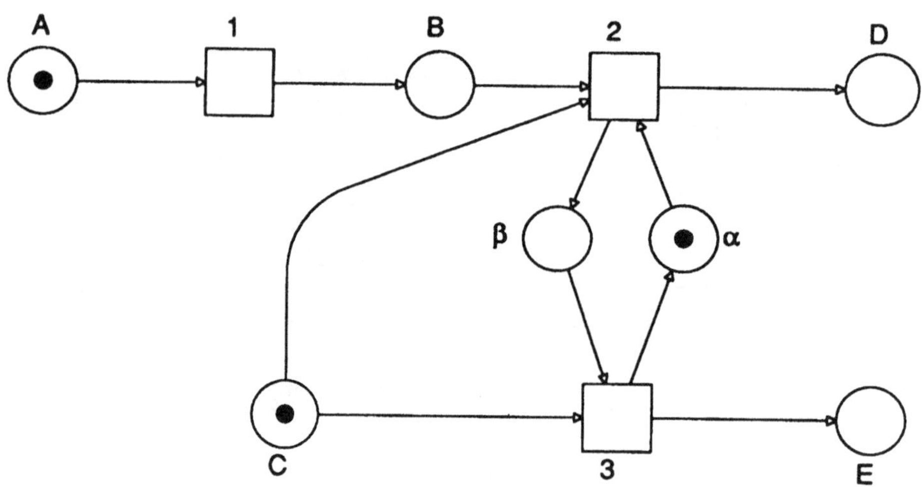

Abb. 24

Beispiel

An unserem Galanen-Dilemma (siehe auch Lösung zu Aufgabe 5) können wir die Konfliktsituation, in der sich unser Mann befindet, durch eine alternative Modellierung (alternative Definitionen von Zuständen und Ereignissen) auch optisch deutlich hervorheben (vgl. Abb. 25). Die Konflikte entzünden sich für den Galan an den Fragen:

-    Welche Dame besteigt den Fahrstuhl?
-    Was passiert mit der Geliebten, wenn sie die Bar-Etage erreicht hat?

In Abb. 25 sind diese Fragen über adäquate Entscheidungsregeln ("gestrichelt") beantwortet. Die Buchstaben G, E, S stehen wie gehabt für Geliebte, Ehefrau und Sekretärin, F für Fahrstuhl, die Indizes o bzw. u für oben (Bar-Etage) bzw. unten (Party-Raum), die Pfeile für die Bewegungsrichtung der jeweils Betroffenen, A, B, C und D für Bedingungen der Entscheidungsregeln.

Der Leser prüfe erneut nach, daß bei der vorgegebenen Ausgangsmarkierung die angestrebte Lösung durch Anwendung der Schaltregel garantiert ist.

F runter
F für Mann runter
G an Bar
E an Bar
S an Bar
D
G runter
G raus
F für G runter
G oben
G hoch
E hoch
S hoch
A
B
C
F unten
G unten
E unten
S unten

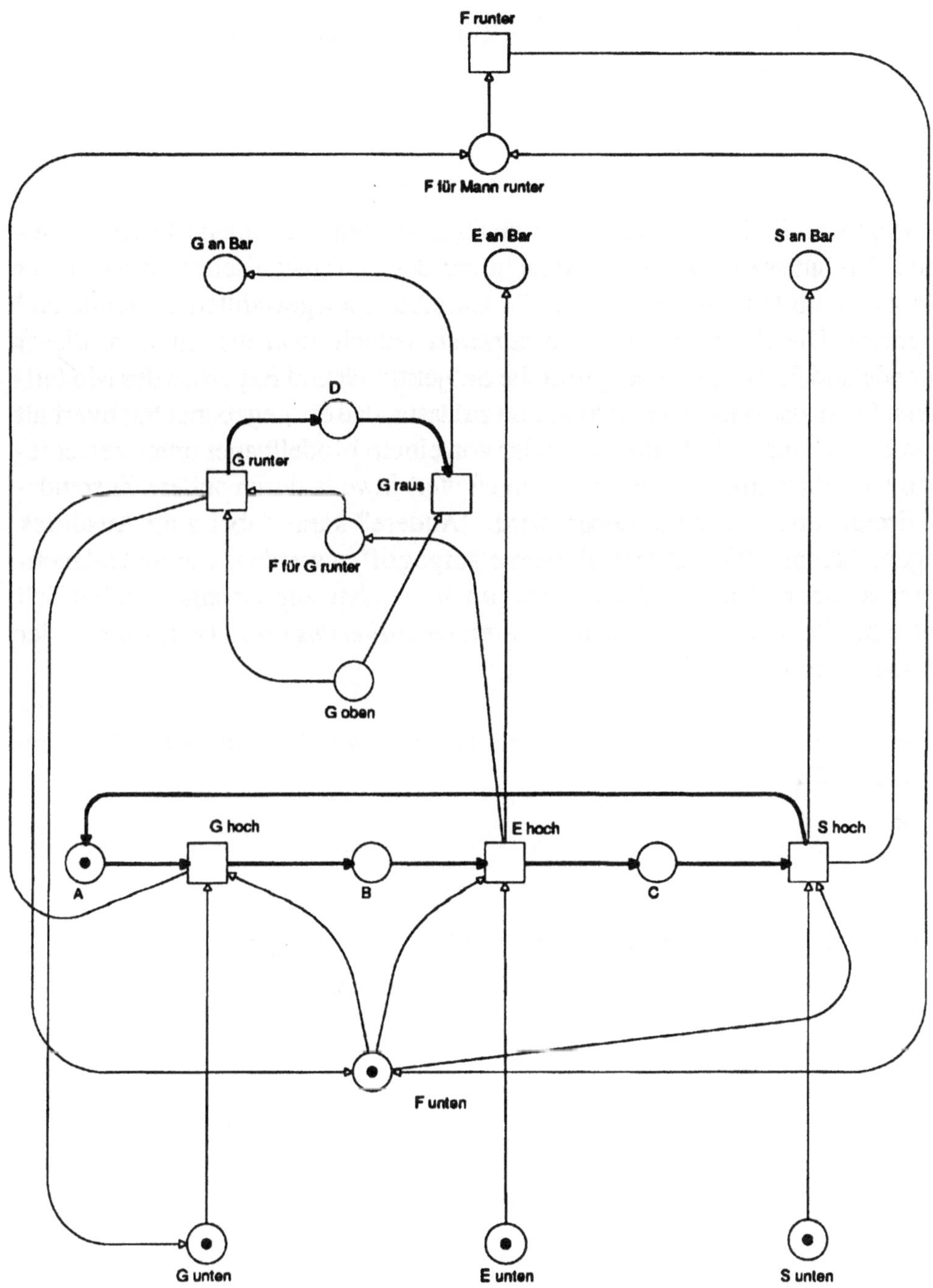

Abb. 25

4. VERGRÖBERUNGEN UND VERFEINERUNGEN VON PETRI-NETZEN

Die Beschreibung der in Petri-Netzen abgebildeten Phänomene durch Zustände und Ereignisse erzwingt die Beachtung der kausal-logischen Struktur der Phänomene im Hinblick auf die zur Beschreibung ausgewählten Zustände und Ereignisse. Die *Petri-Netz-Theorie normiert* jedoch *nicht* die Auswahl dieser Zustände und Ereignisse. Hier greift die Subjektivität und Expertise des Modellbauers. Es ist also durchaus denkbar und zulässig, daß ein gegebener Sachverhalt von verschiedenen Modellbauern (oder von einem Modellbauer unter verschiedenen Gesichtspunkten, Zwecksetzungen etc.) jeweils durch andere Zustands- und Ereignismengen beschrieben wird. "Andere" kann dabei zum Ausdruck bringen, daß inhaltlich andere Elemente aufgegriffen werden, wie im Galanen-Dilemma, oder aber - und das steht im folgenden zur Debatte - inhaltlich identische Elemente nur in einem anderen *Detaillierungsgrad* (vergröbert oder verfeinert) verwendet werden.

Die in unserem "Behörden-Beispiel" (Abb. 8 bzw. L1) enthaltene Sequenz (vgl. Abb. 26)

Abb. 26

könnte je nach Modellzweck (ohne eine Einbuße an Abbildungsgüte) auch wie folgt vergröbert werden (vgl. Abb. 27):

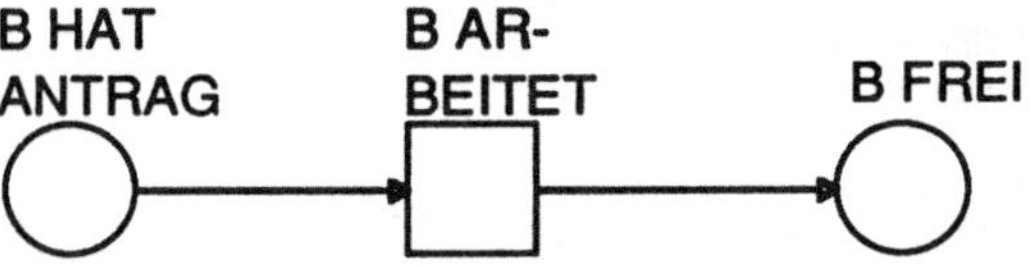

Abb.27

Formal bedeutsam ist dabei nur, daß das "ursprüngliche" und das *"vergröberte"* Teilnetz nach außen hin die gleichen Elemente (in unserem Falle also Ereignisse) aufweisen (s. Abb. 28).

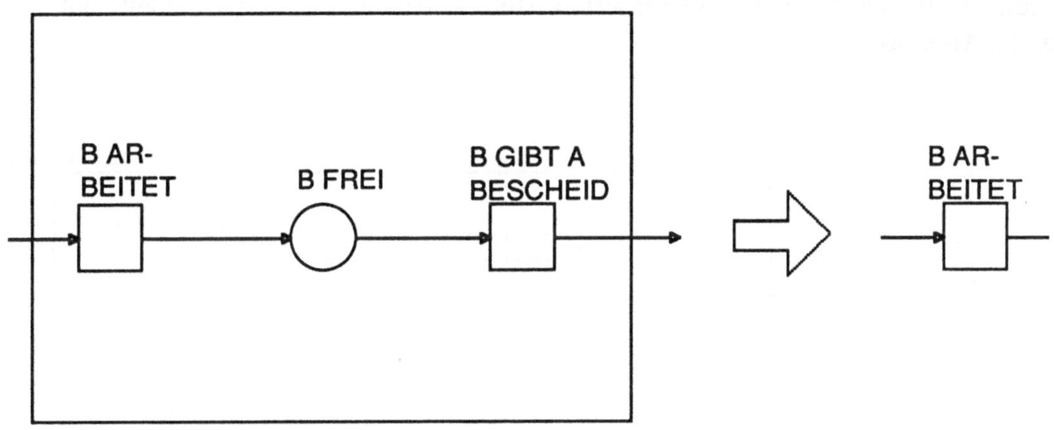

Abb. 28

Andererseits steht auch einer gewünschten *Verfeinerung* des Teilnetzes, z.B. durch Detaillierung der Arbeitsschritte nichts im Wege (vgl. Abb. 29):

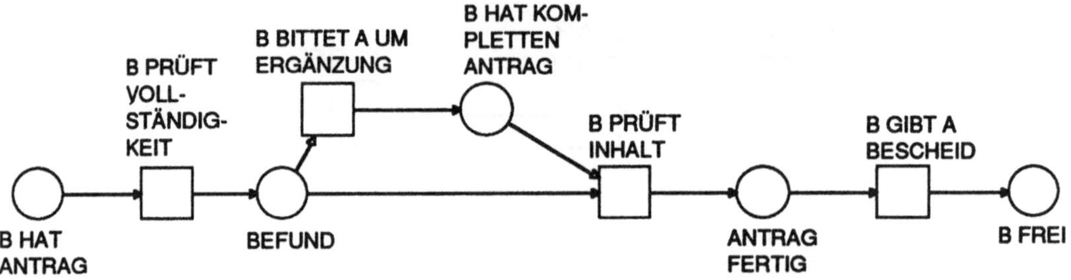

Abb. 29

Auch hier ist formal zu beachten, daß der "Außenanschluß" des ursprünglichen Netzteils mit dem des "verfeinerten" (hier also wieder Ereignisse) identisch ist (s. Abb. 30):

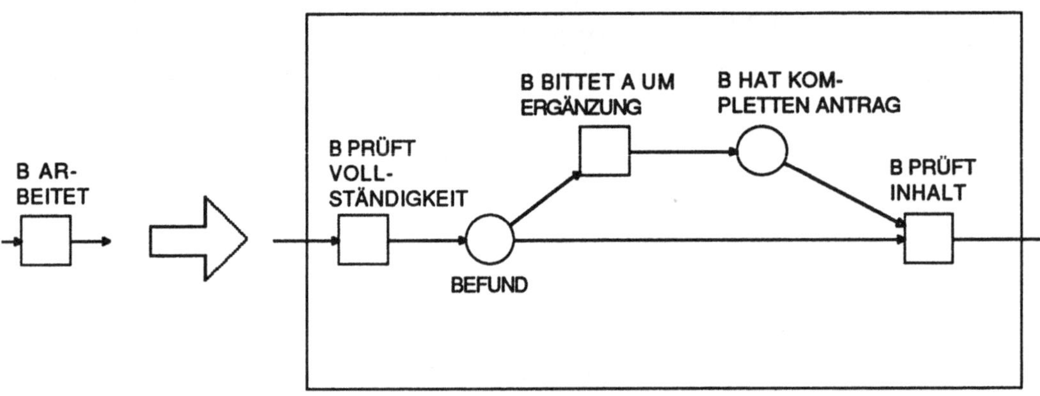

Abb. 30

Zu beachten ist ferner an diesem Beispiel, daß durch Verfeinerung bzw. durch Vergröberung es durchaus geschehen (oder bei Bedarf auch gelingen) kann, den *Situationstyp des Netzes* zu *verändern* - hier also ein konfliktfreies durch ein konfliktbehaftetes Netz (im Zustand "Befund" der Abb. 29) zu ersetzen, wobei allerdings dynamische Eigenschaften des Netzes unter Umständen verändert werden können.

Da der Situationstyp eines Netzes, wie noch belegt werden wird, erhebliche Auswirkungen auf die Möglichkeiten der mathematischen Analyse hat, avanciert dieses Instrument der Vergröberung bzw. Verfeinerung zu einer beachtenswerten Modellierungshilfe. Zugleich bietet es, dank seiner ebenfalls *lokalen Orientierung*, dem Modellbauer die Chance, sich jeweils auf das für ihn Wesentliche der betrachteten einzelnen Prozesse zu konzentrieren und also Redundanz zu meiden (*Modellierungsökonomie*).

5. DYNAMISCHE EIGENSCHAFTEN VON PETRI-NETZEN

Die Petri-Netz-Theorie erlaubt analytische Aussagen darüber, ob eine Netzstruktur im Hinblick auf gegebene Markierungen (realisierte Systemzustände) in dynamischer Sicht

- "lebendig"
- "deadlock"- frei und/oder
- "sicher"

ist, und wo evtl. Verstöße gegen diese (meist erwünschten) dynamischen Eigenschaften lokalisiert sind. Die Analyse selbst bedarf in der Regel des mathematischen Instrumentariums, in das der folgende Abschnitt einführt. An dieser Stelle sollen graphische Beispiele die mit den Begriffen gemeinten dynamischen Eigenschaften veranschaulichen. Ihre inhaltliche Relevanz wird in dem Fallbeispiel einer Improvisationsaufgabe verdeutlicht (Abschnitt B).

Ein *Netz* heißt *sicher bezüglich einer Anfangsmarkierung*, wenn durch keine zulässige Anwendung der Schaltregel ein Zustand des Netzes mit mehr als einer Marke belegt werden kann (Vereinbarung: Ein-Marken-Petri-Netz). Das folgende Netz (Abb. 31) ist in diesem Sinne hinsichtlich Zustand C als unsicher (in C) zu klassifizieren.

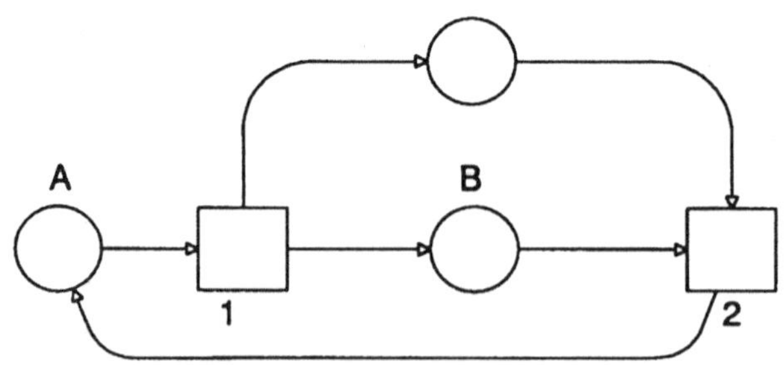

Abb. 31

Ein *Ereignis* heißt *lebendig bezüglich einer Anfangsmarkierung*, wenn es nach endlich vielen zulässigen Schaltvorgängen aktiviert ist (schalten kann), d. h. wenn die Eingangs-Zustände dieses Ereignisses nach endlich vielen Schaltungen markiert und die Ausgangs-Zustände unmarkiert sind.

Ereignis 2 in Abb. 32 ist bei der gegebenen Markierung von A nicht lebendig (*"totes Ereignis"*), kann nicht aktiviert werden, dagegen sind 1 und 3 lebendig.

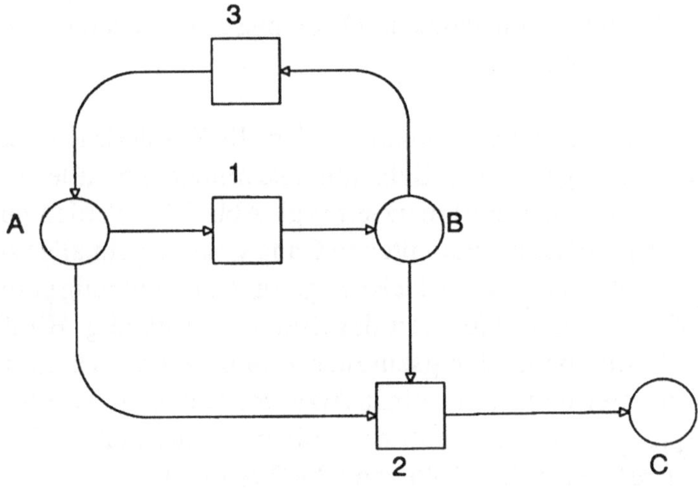

Abb. 32

Ein *Netz* heißt *lebendig*, wenn seine Ereignisse *hinsichtlich der Anfangs-markierung* ausnahmslos lebendig sind. Das Netz in Abb. 31 ist mithin lebendig, wenn auch unsicher.

Ein *Netz* mit einer gegebenen Anfangsmarkierung besitzt einen *"Deadlock" (Systemstillstand)*, wenn durch endlich viele Schaltungen eine Zu-standssituation realisiert (markiert) werden kann, die nicht zumindest ein Ereignis aktiviert. In unserem Beispiel von Abb. 32 liegt mithin kein Deadlock vor, obwohl das Netz in Ereignis 2 nicht lebendig ist.

Aufgabe 6:
Konstruieren Sie eine Netzstruktur einschließlich einer Anfangsmarkierung, die sicher ist und mindestens einen Deadlock beinhaltet.

Beispiel
In unserem Mediziner-Beispiel besteht die eigentliche Aufgabe darin, eine Ausgangsmarkierung für die gefundene Systemstruktur festzulegen, die keinen Deadlock nach sich zieht. Zu diesem Zweck betrachten wir die gefundene Systemstruktur gemäß Abb. L4(8) bei unterschiedlichen Markierungssituationen (die Bezeichnung der Zustände und Ereignisse der einzelnen Behandlungsträger ist analog zu Abb. L2):

-   In einer ersten Markierungssituation seien alle Zustände K (Konsultationsbereitschaft, frei gegebenes Behandlungszimmer) und alle Fachärzte (im Sinne frei für Behandlung) markiert (vgl. Abb. 33). Werden nun zu jedem Arzt die entsprechenden Patienten in Gang gesetzt, geht alles so lange gut, bis zu dem Zeitpunkt, in dem der Kollege zur Unterstützung gerufen werden muß. In diesem Punkt blockiert das System vollständig. Bildlich gesprochen: Falls die Behandlungszimmer jeweils durch Türen miteinander verbunden wären und die einzelnen Ärzte den Kollegen jeweils zur gleichen Zeit persönlich in das eigene Zimmer bitten wollten, sähen sie stets nur die Rückfront des gesuchten Kollegen (*Po-Dilemma*).

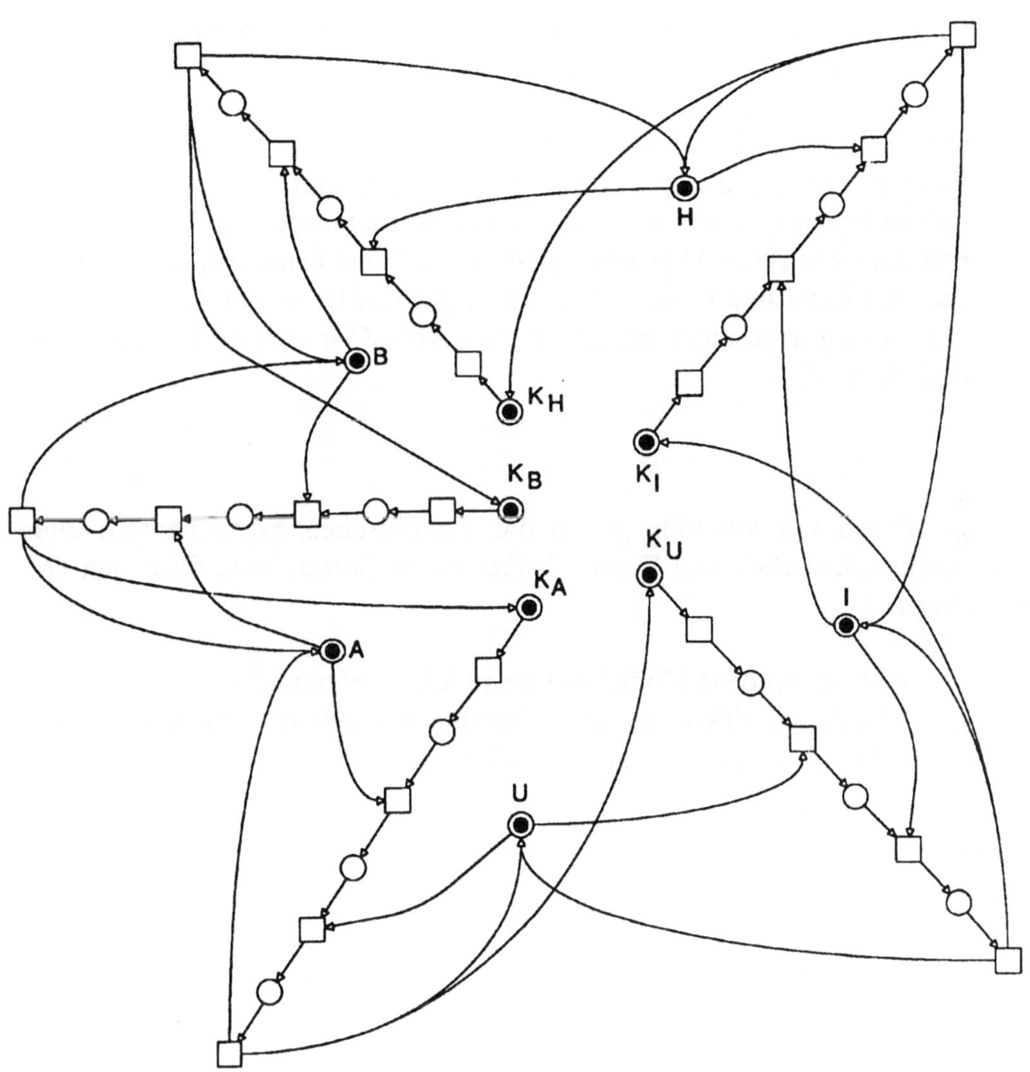

Abb. 33

- Unterstellen wir jedoch, daß lediglich die Konsultationsbereitschaft für KH, KA, KI und alle Ärzte als behandlungsbereit markiert sind, so können H und A ihre Patienten, jeweils mit Unterstützung von B bzw. U, abschließend behandeln. Der Patient für I muß so lange warten, bis H seinen Patienten behandelt hat und zur Unterstützung von I bereitsteht. Nach Behandlung der Patienten H und A ist nun Konsultationsbereitschaft für die Patienten von B und U gegeben (KB und KU sind markiert). Die entsprechenden Ärzte sind verfügbar (für den Patienten U, sobald Patient I seine Behandlung abgeschlossen hat). Dieser Ablauf ist unendlich fortsetzbar (vgl. Abb. 34).

Das Wissen um Verstöße gegen die dynamischen Eigenschaften wie Lebendigkeit,Sicherheit und Deadlock-Freiheit in Netzen bzw. Systemen erleichtert es,

- evtl. vorhandene Modell-Fehler zu lokalisieren und
- notfalls gezielt korrigierende Gestaltungsmaßnahmen für die abgebildeten realen Systeme zu entwerfen.

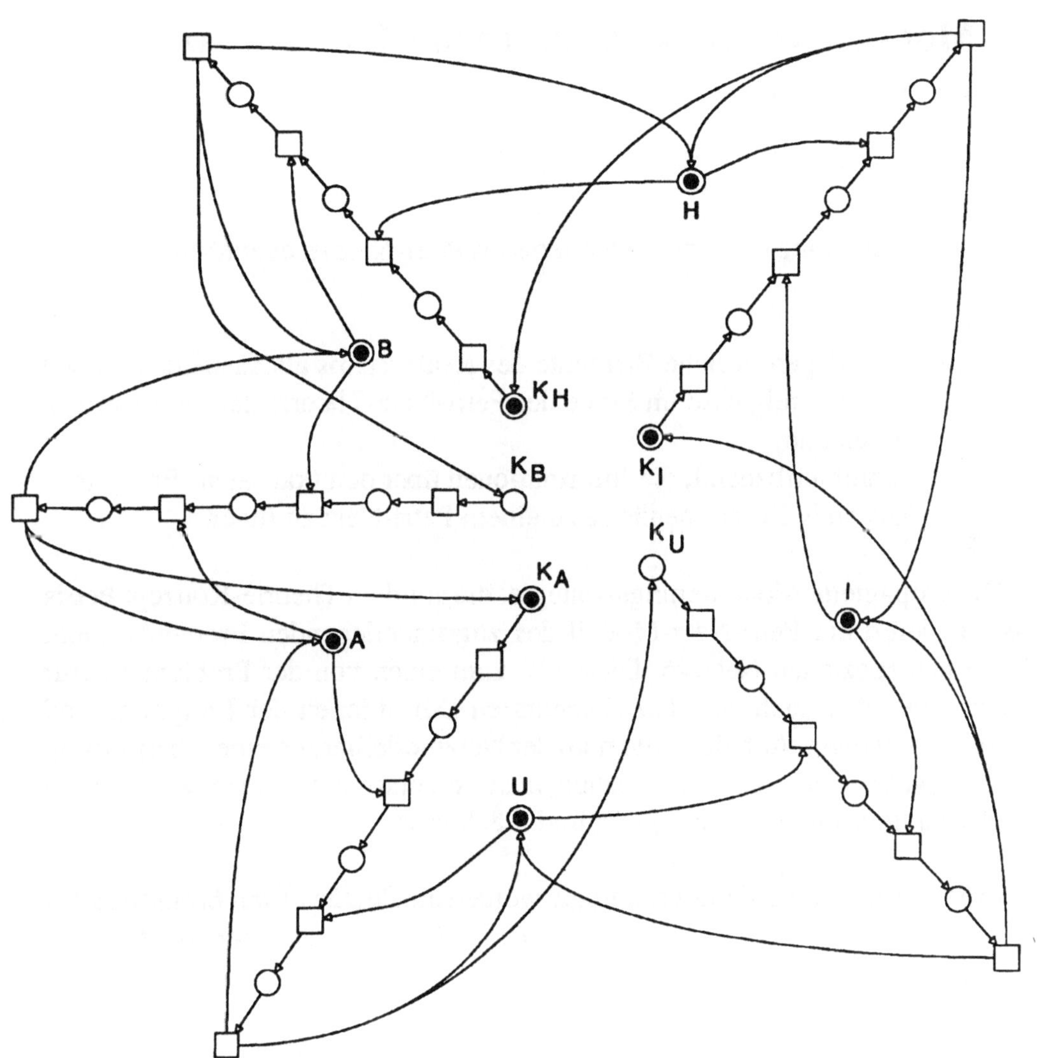

Abb. 34

6. Modellierungsstrategie für den Entwurf von Petri-Netzen

Für die Abbildung eines realen Systems als Petri-Netz ist es zunächst notwendig,

- festzulegen, welche Elemente des Realsystems als Zustände und welche als Ereignisse im Sinne der Petri-Netz-Theorie definiert werden sollen und,
- darauf aufbauend, die Informationen über den (kausalen) Ereignis-Zustands-Zusammenhang zu einem Petri-Netz zu fügen.

Die propagierte Modellierungsstrategie, die auf dem Theorie-Konzept Petris basiert, liefert ein Petri-Netz-Modell des zugrundeliegenden Problems, nicht aber einen speziellen Netztyp. Dieser ist zum einen von der Problemstruktur selbst, dann aber auch von den elementaren Definitionen der Ereignisse und Zustände abhängig. Auf alle Fälle muß der Netzmodellierung eine Überprüfung des Netztyps folgen, da das Auswertungsinstrumentarium für einzelne Netzklassen sehr unterschiedlich ausgeprägt und mächtig ist.

In *Stufe 1* der Modellierungsstrategie werden die *Zustände und Ereignisse* des Systems definiert und ihre jeweiligen *kausalen Beziehungsmuster* fixiert. Jedes

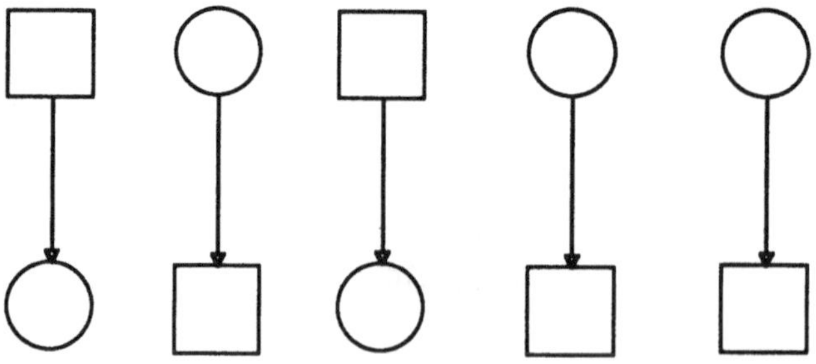

Abb. 35

Zustands-Ereignis- bzw. Ereignis-Zustands-Paar wird in der Sprache der Petri-Netz-Theorie als *elementarer Prozeß* bezeichnet. Das Ergebnis der ersten Stufe ist mithin die Liste der elementaren Prozesse, auch *"unverbundenes Prozeßnetz"* genannt (Abb. 35).

Die Erstellung des *zusammenhängenden Prozeßnetzes*, z.B. gemäß Abb. 36 entspricht der *Stufe 2* der Modellierungsstrategie. Die Verbindung der Elemente des unverbundenen Netzes zu einem zusammenhängenden Prozeßnetz ist gleichbedeutend mit der Anwendung der *co-Relation*, die als Abbildung empirischer bzw. geplanter (also erwünschter und realisierbarer) Zusammenhänge von Prozessen zu interpretieren ist. Der Begriff co-Relation wird im folgenden Abschnitt vertiefend aufgegriffen.

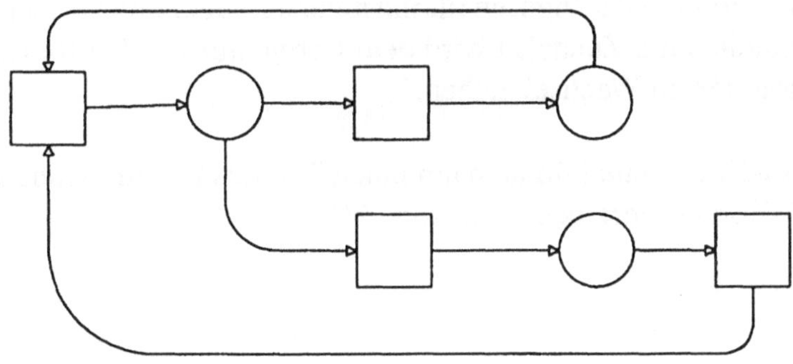

Abb. 36

In der *dritten Stufe* der Modellierungsstrategie wird nun auf der Grundlage des Prozeßnetzes (d.h. der strukturellen, kausal-logischen Abbildung des dynamischen Systems) mit Hilfe des Instruments der *"veränderlichen Markierung"*, also durch Einführung von Schaltregel und Ausgangsmarkierungen, die Vielfalt zulässigen dynamischen Systemverhaltens (zumindest implizit) abgebildet. Das also dynamisch interpretierte Netz wird *"Systemnetz"* genannt. Durch Variation der Anfangsmarkierungen bzw. durch lokale Markierungsveränderungen kann ein repräsentatives Bild des relevanten oder zu erwartenden Systemverhaltens gewonnen werden. Entsprechend können auch gezielte *"What if"-Fragen* nach den Schaltauswirkungen angenommener Zustandskonstellationen (Markierungssituationen) auf diese Weise beantwortet werden. Schließlich liefert das Systemnetz die Basis, um bestimmte dynamische Eigenschaften wie Lebendigkeit, Sicherheit, Deadlock-Freiheit kalkülmäßig zu analysieren.

(1) Zur formalen Unterstützung, insbesondere der ersten Phasen der Modellierung, ist das Verständnis der co-Relation besonders hilfreich. Diese primär zur Feststellung von Parallelismus entwickelte Relation bildet das konstruktive Grundelement der Modellierung.

Das Vorgehen wird am *Beispiel* eines *Schachspiels* erläutert, das ein Zuschauer ohne Kenntnis von Regeln und Ablauf beobachtet. Er wird zunächst feststellen, daß zwei Spieler und ein Spielbrett mit Figuren vorhanden sind, wobei die Stellung der Figuren für ihn nicht aussagefähig ist, da die Regeln nicht bekannt sind. Zunächst wird dem Betrachter wohl auffallen, daß die beiden Partner im Wechsel ziehen.

Ein *Gantt-Diagramm* könnte dann einen Teil des Zusammenhangs in folgender Weise beschreiben (vgl. Abb. 37):

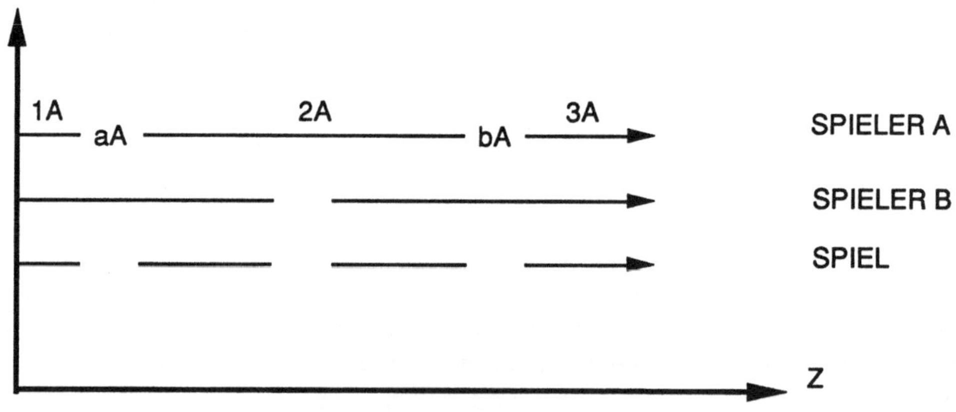

Abb. 37

Die Strecken bei den Spielern bedeuten "Vorbereitung des nächsten Zuges", beim Spiel "Stellung der Figuren". Diese Aussagen wurden nur in Abhängigkeit von der Zeit t getroffen, entsprechen somit einem rein konsekutiven Denken. Normalerweise interessieren aber die kausalen Zusammenhänge, die der Beobachter nun mit Hilfe von Petri-Netzen zu erkennen versucht. Er bedient sich dabei der bereits bekannten Darstellung von Ereignissen als Quadrate und von Bedingungen (Zuständen) als Kreise.

Der erste Modellentwurf stellt dann ein gänzlich unzusammenhängendes Netz dar, das jeweils aus den Elementen "Beginn der Vorbereitung eines Zuges" bzw. "Beginn einer neuen Stellung" als Ereignis besteht und als Bedingung "Vorbereitung des nächsten Zuges" bzw. "Figurenstand" sowie einer zweiten Gruppe, die jeweils die Beendigung der beiden Zustände enthält. Es ergäbe sich so für Spieler A folgendes Bild (vgl. Abb. 38):

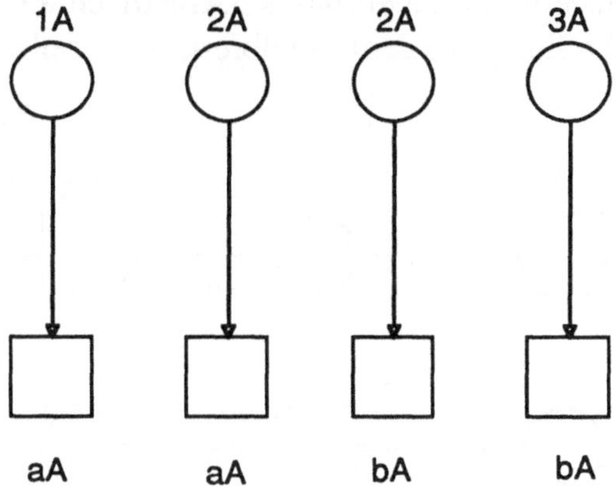

Abb. 38

In ähnlicher Weise können die unzusammenhängenden Netze für Spieler B und das Spiel(brett) gewonnen werden.

Diese Modellebene ist für den Beobachter ziemlich uninteressant, da er bereits weiß, daß die Bedingungen und Ereignisse zu Spieler A gehören. Wäre er hingegen noch nicht in der Lage, diese Zuordnung vorzunehmen, so wäre auf dieser Ebene durch weitere Untersuchungen erst ein Zusammenhang herzustellen, wobei implizit die co-Relation bereits als konstruktives Element verwendet wird (vgl. dazu die weiteren Ausführungen). Hier wird von einem Netz ausgegangen, das durch die Richtungs-, Flußrelation F strukturiert wird. F besagt, welche Elemente aufeinander folgen (vgl. Abb. 39).

Zur Aufdeckung der Kausalstruktur des Zusammenwirkens zwischen Spieler A, Spieler B und dem Spielbrett wird der Beobachter nun fragen, welche Bedingungen zu welchen Ereignissen führen, d.h. welche Bedingungen *parallel* (oder nebenläufig oder unabhängig) voneinander erfüllt sein müssen, um bestimmte Ereignisse zu bewirken. Dabei sieht er sich der Schwierigkeit gegenüber, daß sein Modell zwei unterschiedliche Grundmengen von Elementen enthält, also sowohl Ereignisse als auch Bedingungen nebeneinander vorliegen können. Um die Sequenzen zu verknüpfen, wird er versuchen ein Schema zu finden, das den Ablauf, charakterisiert durch die Änderungen der Stellung auf dem Spielbrett, beschreibt.

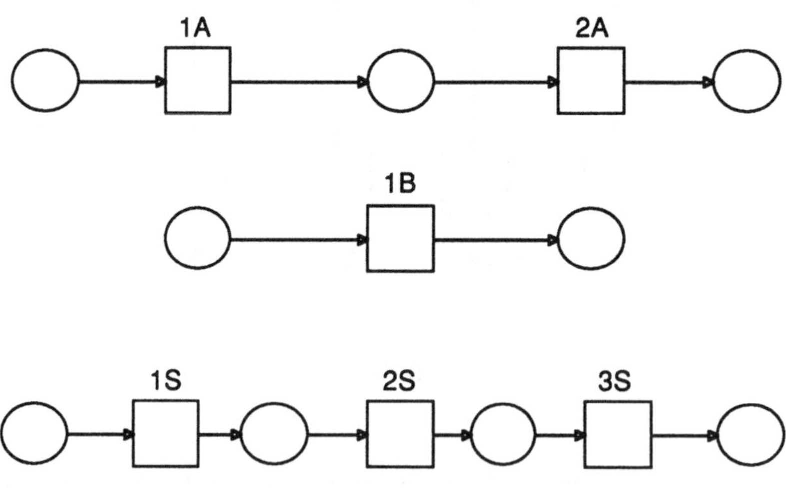

Abb. 39

(2) Diese Verknüpfungsrelation ist die oben erwähnte *co-Relation*. Diese wird eingeschränkt auf die Mengen B (Menge der Bedingungen) bzw. E (Menge der Ereignisse); es werden also nur Elemente aus B mit Elementen aus der Menge B und Elemente aus E mit Elementen aus der Menge E verbunden. Einschränkungen auf die Menge B werden *Fälle* oder *Scheiben* genannt.

Das *zusammenhängende Netz* mit den Verknüpfungen in (1A, 1S), (1B, 2S) und (2A, 3S) ist dann (vgl. Abb. 40):

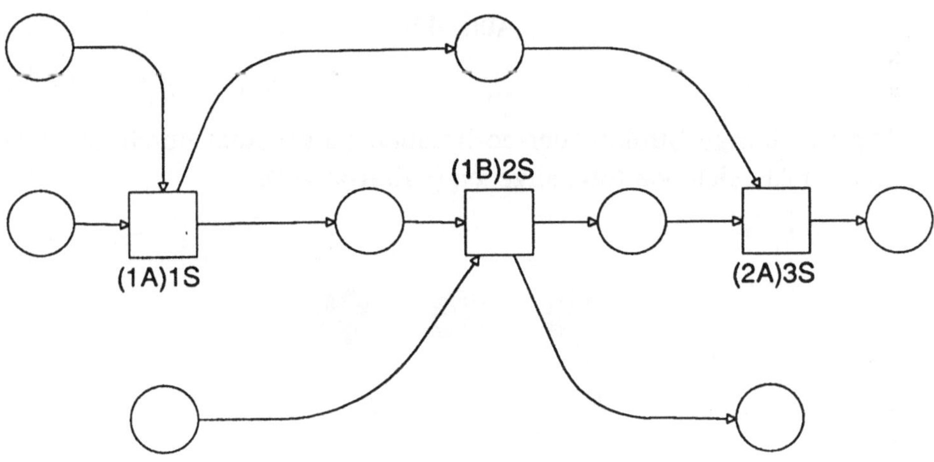

Abb. 40

Wird das Netz schematisch fortgesetzt, so erhält man das Prozeßnetz des Schachspiels (vgl. Abb. 41):

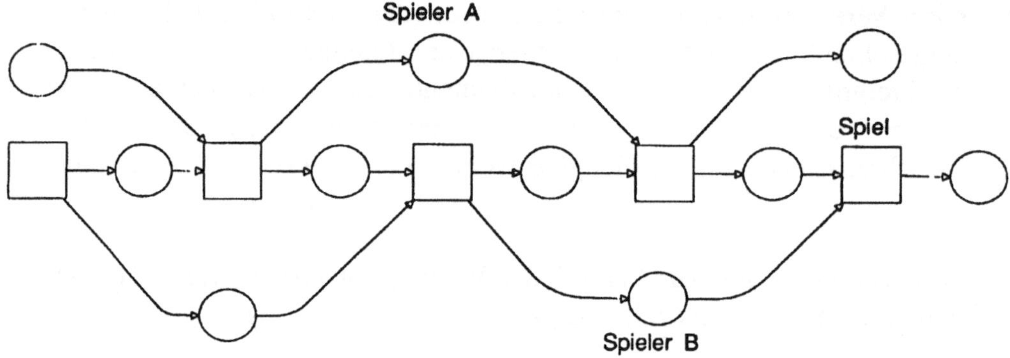

Abb. 41

Die zugehörige Struktur der co-Relation (angedeutet durch gestrichelte Linien) läßt sich wie folgt angeben (vgl. Abb. 42):

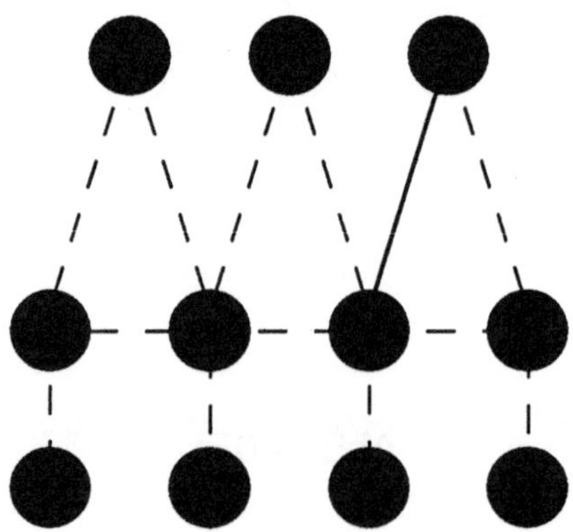

Abb. 42

Das Prozeßnetz ist die Abbildung eines realen Prozesses, der in genau einer Weise abläuft. Das Ziel, die *Kausalstruktur* zu erkennen, ist damit erreicht, wobei natürlich Verfeinerungen nicht ausgeschlossen sind. Neben der

Modellierung von Prozeßnetzen, hier einer Partie Schach, ist eine weitere mit der co-Relation verbundene Aufgabenstellung die Entwicklung eines *Systemnetzes*, das den Ablauf aller denkbaren Partien ermöglicht. Das Systemnetz muß zumindest beim Schachspiel aufgrund der hohen Anzahl unterschiedlicher Partien auf einem anderen Abstraktionsniveau angesiedelt werden als das aus Beobachtung einer Partie gewonnene Prozeßnetz.

(3)   Diese Aufgabe zu lösen, bedeutet ein Netz zu entwickeln, das die Prozeßabläufe aufgrund gegebener Bedingungen nicht nur zuläßt, sondern auch garantiert, also dieselbe co-Struktur aufweist wie das Prozeßnetz.

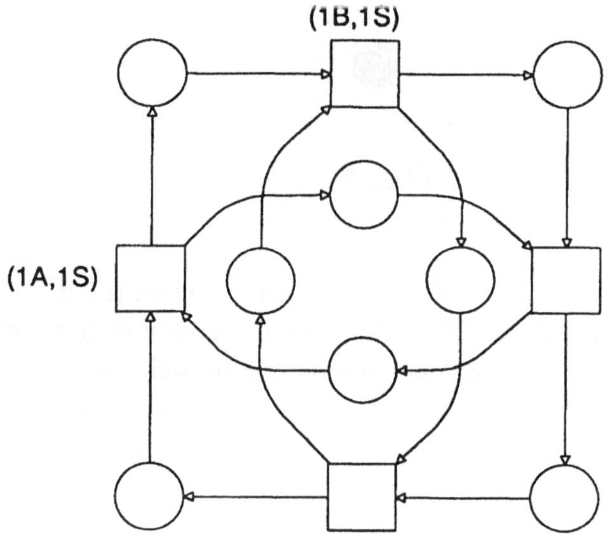

Abb. 43

Es liegt bei dem Beispiel nahe, die Schachregeln, wonach die Spieler abwechselnd zu ziehen haben, zu nutzen, so daß folgende Systemabbildung einer Prozeßsituation gegeben ist (vgl. Abb. 43).

Die dazugehörige co-Struktur hat dann folgendes Aussehen (vgl. Abb. 44):

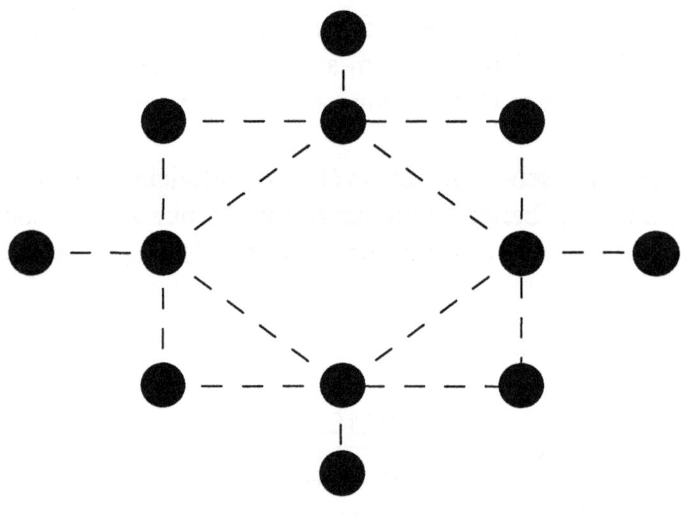

Abb. 44

In dem Systemnetz ist nun nicht mehr ohne weiteres feststellbar, welche konkrete Stellung im Augenblick realisiert ist. Damit wird es notwendig, die Stellungen (Situationen) zu charakterisieren, die sich aus dem Prozeßnetz als zulässig ableiten lassen. Zulässig heißt hier, daß Bedingungen und/oder Ereignisse nebeneinander vorliegen können oder anders ausgedrückt, in der Relation co stehen.

Aufgabe 7:
Versuchen Sie, ein Netz zu folgender co-Struktur zu entwickeln (vgl. Abb. 56):

7. PETRI-NETZTYPEN - FORMALE DEFINITION UND SYSTEMATISCHE HILFEN

Nach Darstellung eines Konstruktionsverfahrens sollen trotz der mittlerweile für unterschiedliche Benutzerkreise erschienenen Einführungen in die Formaltheorie einige grundlegende Definitionen und Zusammenhänge wiederholt werden. Vielleicht werden durch diese knappe Zusammenstellung aber auch einige Linien in den Entwicklungstendenzen der Theorie klarer, die in umfangreicheren Darstellungen durch die Vielzahl von Sätzen und Definitionen verdeckt werden.

Die allgemeinste Definition der Netztheorie ist die eines *ungerichteten Netzes*. Ein ungerichtetes Netz ist ein Tripel $N = (S,T,P)$, das folgenden Bedingungen genügt:

1. S und T sind zwei nicht-leere, disjunkte Mengen,
2. $P \subseteq S \times T$ ist eine nicht-leere Relation und
3. es gibt keine isolierten Elemente.

Geläufiger ist jedoch die folgende Definition eines *gerichteten Netzes*. Ein gerichtetes Netz ist ein Tripel $N = (S,T,F)$, das folgenden Bedingungen genügt:

1. S und T sind zwei nicht-leere, disjunkte Mengen,
2. $F \subseteq S \times T \cup T \times S$ ist eine nicht-leere Relation (Flußrelation)
3. es gibt keine isolierten Elemente.

Diese Formulierung ist nur eine von mehreren Möglichkeiten, gerichtete Netze einzuführen. Im Zusammenhang mit der Einführung der Matrixdarstellung wird auch in diesem Text eine andere benutzt. Ausschlaggebend für die Wahl ist, wie in vielen anderen Fällen, das Ziel der Darstellung.

Möglicherweise sind ungerichtete Netze im Frühstadium einer Entwicklung anzusiedeln wie auch die inhaltlich festgelegte Klasse der Kommunikationsnetze (Kanal/Instanz- oder kurz K/I-Netze). Diese Netze können keiner der formal definierten Klassen zugeordnet werden, da ihre Elemente noch nicht soweit definiert sind, daß sie alle dieselbe Ebene in einer Modellhierarchie darstellen, einzelne Elemente gehören zu einem anderen Abstraktionsgrad als der Rest des Netzes. K/I-Netze erlauben deswegen nicht den formal abgesicherten Gebrauch der Schaltregel. Markierungen werden nur zur Veranschaulichung eingesetzt. Entsprechende Verfeinerung oder auch Vergröberung führt dann zu einer der in der folgenden Matrix angeführten Netzart.

Schema 1: Netzklassensystematik

Kapazität der Stellen = 1	*Kapazität der Stellen > 1*	
B/E-Systeme	P/T-Netze	Ununterscheidbare Marken
Pr/T-Netze	Pr/T-Netze	Unterscheidbare Marken

Einige Repräsentanten dieser Gruppen wurden bereits vorgestellt. Dabei wurden weitere Einschränkungen gemacht, so z. B. Verbot von Stellen- und Transitionsverzweigungen. Wir wollen hier nun eine weitere Klasse von Netzen formal charakterisieren, die schon angesprochen wurde und den Prozeßbegriff der Netztheorie verdeutlicht:

Kreisfreie, stellenunverzweigte Netze heißen Kausalnetze. Prozesse werden formal als Abbildungen von Kausalnetzen in B/E-Systemen beschrieben, die alle Fälle aus S-Elementen des Kausalnetzes (auch Schnitte genannt) auf Fälle des B/E-Systems abbilden und die Vorgänger- und Nachfolgerrelation wahren. Die aus S-Elementen bestehenden Schnitte wurden bereits als Fälle erwähnt, darüber hinaus hat sich für die Kausalnetze zudem die Bezeichnung Scheibe eingebürgert. Diese unterschiedlichen Bezeichnungen haben ihre inhaltliche Begründung darin, daß die Kreisfreiheit von Kausalnetzen immer erkennen läßt, in welcher Reihenfolge die Elemente eines Netzes aufeinanderfolgen, während ein Kreis eine derartige Feststellung nicht zuläßt. Vergröberungen und Verfeinerungen von Netzen, also die Hierarchiebildung, sind dann ebenfalls als Abbildungen zu kennzeichnen, die unter Beibehaltung bestimmter Eigenschaften des ursprünglichen Netzmodells zu einem anderen führen. Derartige Konstruktionen haben in der praktischen Arbeit eine Vielzahl von Netzentwürfen zur Folge, deren Stellung zueinander nicht ohne weiteres erkennbar ist.

Bedingungs/Ereignis-Netze (B/E-Netze)

Die Entwicklung der Petrinetztheorie kann recht anschaulich an der gesteigerten inhaltlichen Fassungskraft der S-Elemente und F-Relation verdeutlicht werden:

Eine erste Stufe interpretiert die S-Elemente als Zustände, die entweder als wahr oder als falsch identifiziert werden können. Werden sie als "wahr" identifiziert, sind sie durch einen Punkt (bzw. eine Marke) zu kennzeichnen. Jeder Zustand kann also maximal eine Marke erhalten: *Ein-Marken- oder Bedingungs/ Ereignis(B/E)-Petrinetz oder Condition/Event(C/E)-Netze.* Die T-Elemente dienen (plastisch gesprochen) dem *Transport* der Marken, wenn die aktivierten Ereignisse schalten. Ein Beispiel diene zur Illustration:

Es sind 3 Produkte (P1, P2, P3) mit Hilfe von 3 Aggregaten (A1, A2, A3) zu fertigen. Aggregat 3 verfügt über zwei Intensitätsstufen (A31, A32, A33). Die Belastung der Aggregate durch die Produktion ist wie folgt:

Produkt	*Aggregate*
1	1 und 2
2	2 und 3 (einfache Intensität)
3	1 und 3 (doppelte Intensität)

Wir können dieses System zunächst (wenn auch etwas umständlich) als B/E-Petrinetz modellieren.

Als Zustände werden definiert:

- Produkt wird hergestellt   - P1, P2, P3,

- Produkt wird nicht hergestellt   - P1, P2, P3,

- Aggregat ist frei   - A1, A2, A3.

Die mögliche Intensitätsvariation bei Aggregat 3 wird durch zwei Zustände (A31 und A32) erfaßt.

Als Ereignisse werden:

- das Belegen (B1, B2, B3) bzw.

- das Freigeben der Aggregate (F1, F2, F3)

durch die Produkte gesetzt. Das resultierende B/E-Netz gibt Abb. 45 wieder.

Die hierin gegebene Markierung repräsentiert eine denkbare Produktionssituation des Systems: Produkt 1 wird gefertigt, dadurch sind die Aggregate 1 und 2 ausgelastet, die Produkte 3 und 2 werden nicht hergestellt (müssen auf das Ende der Produktion von Gut 1 warten), Aggregat 3 ist frei.

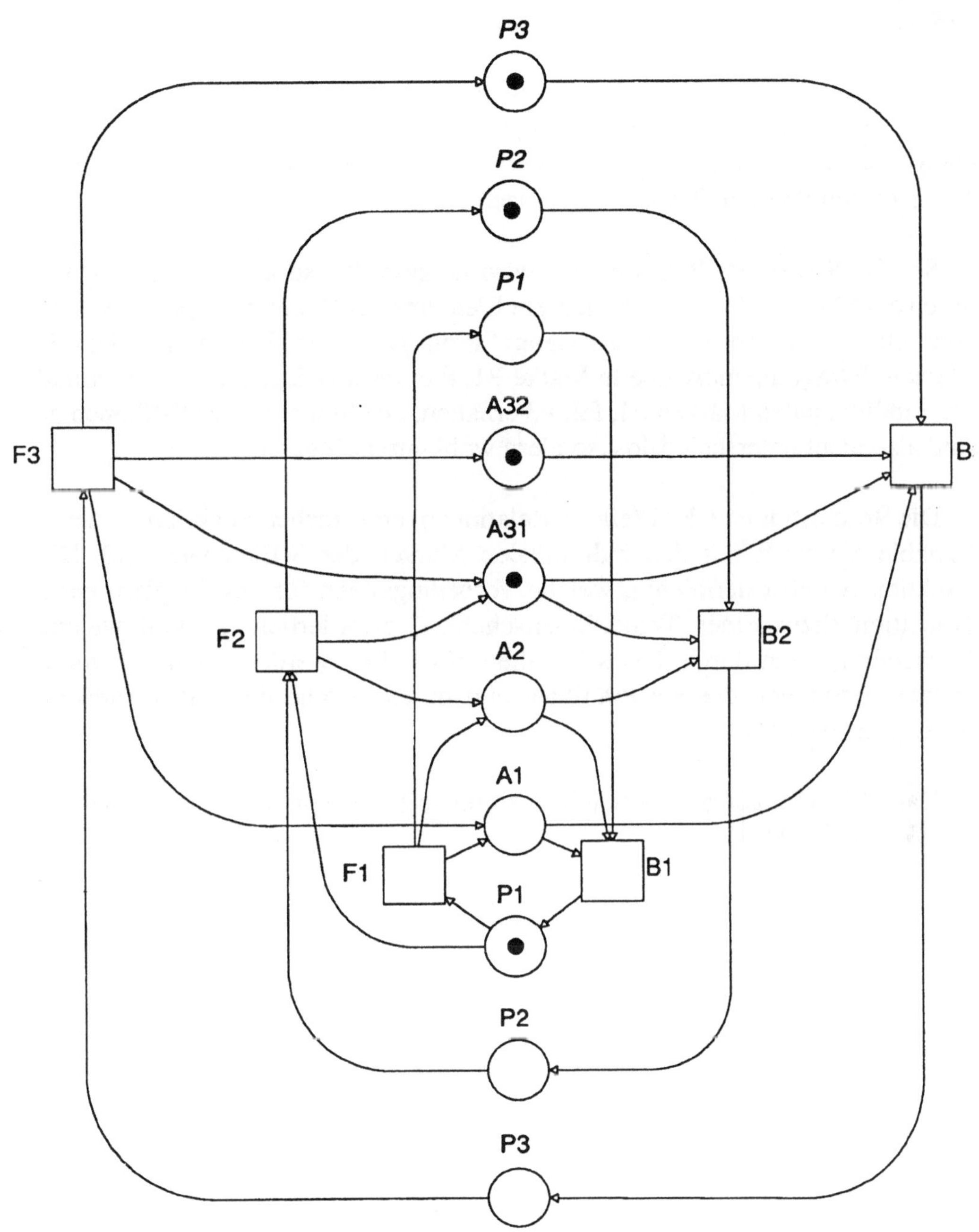

Abb. 45

Prädikat/Transitions-Netze (Pr/T-Netze)

Die vorerst letzte Stufe der Petrinetz-Entwicklung interpretiert die S-Elemente als unspezifizierte Aussageschemata (Prädikate), die durch Elemente (Individuen) einer definierten Menge jeweils erfüllt (spezifiziert) werden können. Diese Netze heißen Prädikat/Transitions-Netze.

Sei das S-Element P "Produkt P wird hergestellt", so kann diese Aussage durch ein Element (bzw. durch mehrere Elemente der Produktmenge P1, P2, P3 konkretisiert werden. Für P1 gilt dann: "Produkt P1 wird hergestellt". Das S-Element P trägt die individuelle Marke P1. Für unser Beispiel kann P maximal die 3 individuellen Marken P1, P2, P3 erhalten. Die Marken eines S-Elementes sind also nicht unterschiedslos, sondern wohl unterschieden.

Die Beschriftungen der Pfeile (f-Relationen) entsprechen Funktionen, deren Variable identisch mit den individualen Marken der S-Elemente sind. Die Funktionen selbst definieren, welche Vorbedingungen für das Schalten einer Transition (bzw. eines Transitionenschemas) erforderlich ist, und welche Nachbedingungen durch dieses Schalten geschaffen werden - anders: Durch welche Individuen die Vor-Prädikate und durch welche die Nach-Prädikate spezifiziert werden.

Das Abb. 45 analoge Prädikat/Transitions-Netz entspricht dem nachstehenden Graphen (Abb. 46):

Es gelten:

$$P = P1, P2, P3$$
$$A = A1, A2, A3$$

$$f(x): \quad P1 \rightarrow A1, A2$$
$$P2 \rightarrow A2, A3$$
$$P3 \rightarrow A3, A3, A1$$

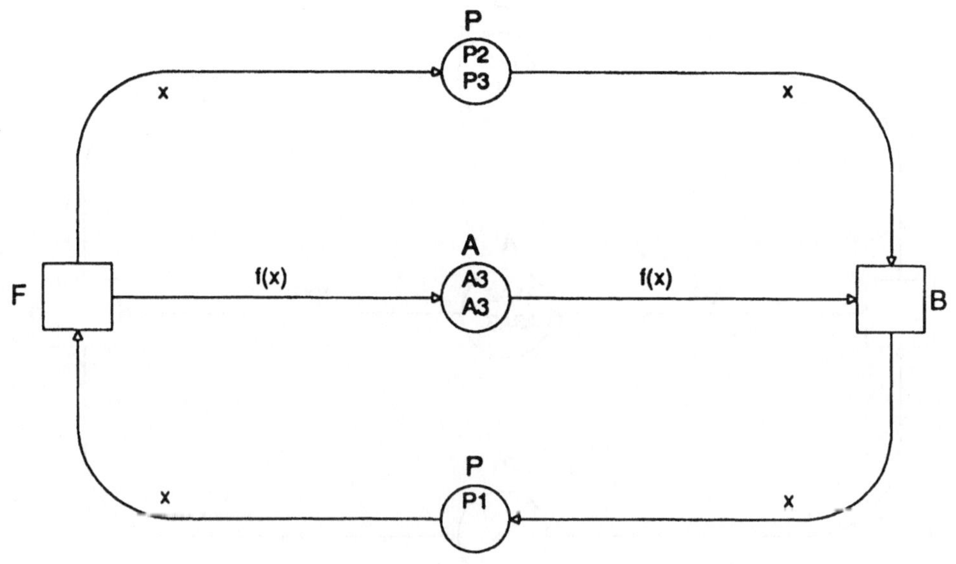

Abb. 46

Nach Schalten von f in Abb. 47 ergäbe sich bei x = P1 die folgende Markierung (Abb. 47):

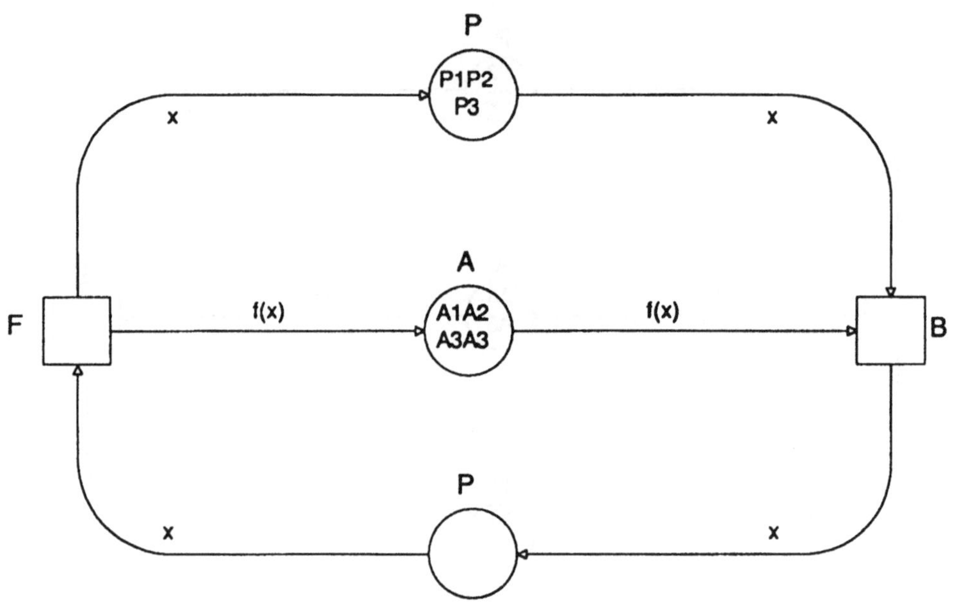

Abb. 47

Diese Markierung (hier: Ausgangssituation) erlaubt nun die Produktion eines jeden Produktes i (qua Setzung von x = Pi und Schalten von B). Das so modellierte Netz ist bei identischem Gehalt überschaubarer und komprimierter.

Die zulässige Anzahl K von Individuen oder Kopien eines Typs oder Items i (das entspricht der Individuenkapazität) für ein Prädikat s wird durch die Funktion Ki (s) angegeben. In unserem Beispiel ist K3(A) = 2, alle anderen Individuenkapazitäten betragen 1.

Weiterhin können durch Beschriftung der Transitionsschemata mit "logischen Formeln" (i.S. zusätzlicher Vorgaben) die Schaltvorgänge bzw. -funktionen auf einfache Weise weiter präzisiert werden. Schalten kann eine Transition dann, wenn von den Individuen, die die Transitonsbeschriftung erfüllen, eine genügende Anzahl die Vor-Prädikate belegen und durch das Schalten die Individuenkapazität der Nach-Prädikate nicht überschritten wird. Sei K = 1 für alle Individuen der Nachprädikate und (x,y,z) (a,b,c) dann geht die folgende Situation (Abb. 48)

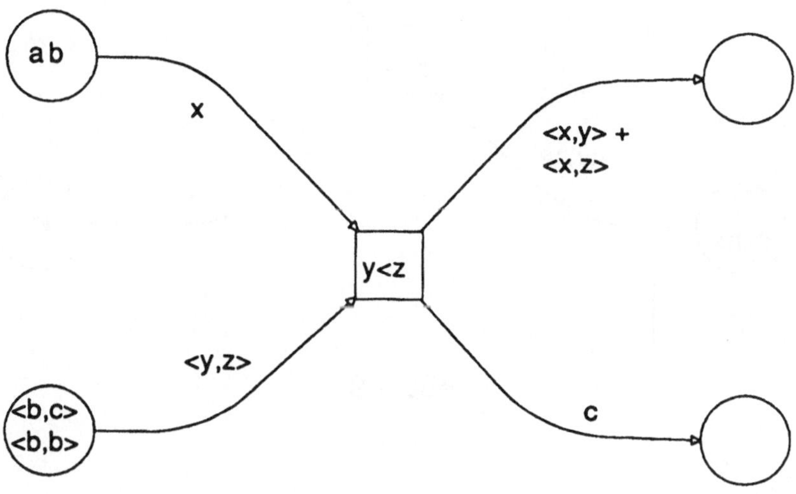

Abb. 48

durch Schalten über in (Abb. 49):

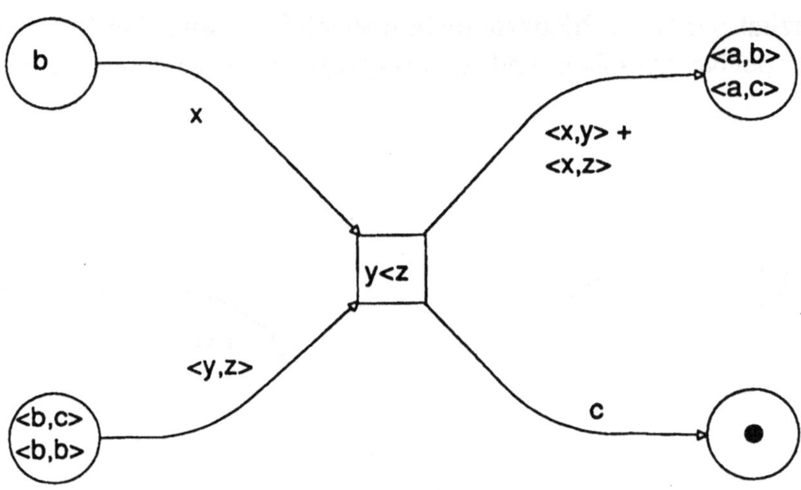

Abb. 49

8. AUSWERTUNGSANSÄTZE DER ALLGEMEINEN NETZTHEORIE

8.1 INVARIANTENSYSTEME

Aus Gründen des notwendigen mathematischen Instrumentariums beschränken wir die Beispiele auf B/E-Systeme. Invariantensysteme dienen der Untersuchung des dynamischen Verhaltens von Netzen wie Lebendigkeit oder auch Fakten in B/E-Systemen.

a) S-Invarianten geben Stellenmengen an, deren Markenzahl durch das Schalten der zugehörigen Ereignisse nicht verändert wird.

b) T-Invarianten geben an, wie oft Ereignisse schalten müssen, um eine Anfangsmarkierung zu reproduzieren.

Invariantensysteme lassen sich mit Methoden der linearen Algebra berechnen. Der Weg dazu führt über die *Inzidenzmatrix* (I) eines Netzes: In den Schnittpunkten steht +1, wenn die durch die Zeile repräsentierte Bedingung dem durch die Spalte repräsentierten Ereignis folgt (schalten bringt eine Marke auf die Bedingung); es steht -1 im umgekehrten Falle und 0, wenn keine Beziehung zwischen Bedingung und Ereignis besteht. Die Nullen werden im weiteren nicht aufgeführt.

Als Beispiel wird die Inzidenzmatrix zum Netz aus Abb. 50 angegeben:

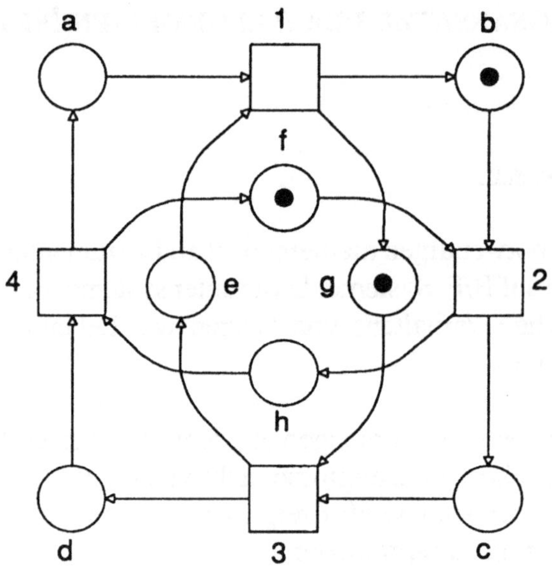

Abb. 50

Stellen	Transitionen			
	1	2	3	4
a	1			-1
b	-1	1		
c		-1	1	
d			-1	1
e	1	-1		
f		1		-1
g	-1		1	

$$I = \begin{bmatrix} 1 & & & -1 \\ -1 & & 1 & \\ & -1 & 1 & \\ & & -1 & 1 \\ 1 & -1 & & \\ & 1 & & -1 \end{bmatrix}$$

Eine Markierung kann als Vektor dargestellt werden; so z. B. die Markierung des Netzes aus Abb. 50.

$$m1_{tr} = (0;1;0;0;0;1;1;0)$$

Um die algebraische Formulierung der Bedingung für Invarianten zu erläutern, wird die transponierte Inzidenzmatrix mit dem Vektor m1 multipliziert:

$$
\begin{bmatrix}
1 & -1 & 0 & 0 & 1 & 0 & -1 & 0 \\
0 & 1 & -1 & 0 & 0 & 1 & 0 & -1 \\
0 & 0 & 1 & -1 & -1 & 0 & 1 & 0
\end{bmatrix}
*
\begin{bmatrix}
0 \\ 1 \\ 0 \\ 0 \\ 0 \\ 1 \\ 1 \\ 0
\end{bmatrix}
= (-2; 2; 1; -1)^{tr}
$$

Eine anschauliche Interpretation bezieht das Ergebnis auf die Transitionen: Transition 1 zieht zwei Marken ab, 2 gibt zwei Marken seines Nachbereiches, 3 eine und 4 zieht wiederum eine ab.

Die positiven Zahlen beziehen sich also auf Veränderungen des Nachbereiches einer Transition, bezeichnet als t•, die negativen auf Veränderungen des Vorbereiches, analog als •t bezeichnet.

S-Invarianten sollen der Bedingung genügen, die Anzahl der Marken in den zugehörigen Bedingungen nicht zu verändern, das Ergebnis der Multiplikation transponierte Inzidenzmatrix und Invariante muß der Nullvektor sein:

$$I^{tr} \bullet i = 0.$$

Die Summen, Differenzen und skalaren Vielfachen von Invarianten sind dann wiederum Invarianten. Deswegen werden unter Invariantensystemen minimale Invariantensysteme verstanden, die die kleinste Anzahl von Invarianten enthalten, mit denen alle anderen als Linearkombination (Summe, Differenz, skalares Vielfaches) darstellbar sind.

Zur Berechnung von Invarianten ist ein Gleichungssystem mit mehreren rechten Seiten zu lösen. Für das Beispiel können die Vektoren i1,i2,i3 als Invarianten angegeben werden (Hier ist kein Invariantensytem gemeint!):

$$i1^{tr} = (00001010)$$
$$i2^{tr} = (00000101)$$
$$i3^{tr} = (11000001).$$

Auch die Summen, Differenzen und skalaren Vielfachen lösen die Gleichung für die Invarianten. Es ist jedoch zu beachten, daß nicht alle Lösungen auch Invarianten sind; man denke z. B. an die Differenz i1 - i2, die negative Komponenten enthält. Zusätzlich muß also gefordert werden, daß alle Komponenten einer Invariante größer oder gleich null sind.

8.2 SYNCHRONIEABSTÄNDE

Um eine angemessene Anwendung zu ermöglichen, ist die Einführung einer Anzahl von Definitionen notwendig, die durch Plausibilitätsbetrachtungen für die im Text verwendeten recht einfachen Netzklassen ergänzt werden. Das mag etwas umständlich erscheinen, doch rechtfertigen zusätzliche Einsichten in Struktur und Verhalten von Netzen dieses Vorgehen, da die Definitionen die Systematik der Analyse erweitern.

Charakteristische Synchronieabstände sind die Werte 0, 1, 2 und unendlich. Ein Abstand von Null bedeutet Koinzidenz, von 1 Alternieren und von 2 Parallelität von Ereignissen. Das Ergebnis unendlich zeigt an, daß die betrachteten Ereignisse zwei unabhängigen Systemen angehören. Anschaulich sind die Fälle 0, 1 und unendlich einleuchtend. Dagegen ist die Zwei als Wert für die Nebenläufigkeit unerwartet, da mit dem parallelen Fall oft auch ein Zeitbegriff implizit verbunden wird, durch den Ereignisse synchronisiert werden und der deswegen als Abstand gesehen wird. Hier zeigt sich deutlich der Unterschied zwischen konsekutivem und kausalem Denken: Ein konsekutives Denken legt die Vermutung des Abstandes Null nahe, da die Ereignisse gleichzeitig eintreten können, während der Abstand von Zwei dem kausalen Denken entspricht. Schwieriger wird hingegen die inhaltliche Deutung eines Synchronieabstandes von z.B. 8 oder 9 zwischen zwei Ereignismengen.

Prinzipiell können zwei Arten von Synchronieabständen unterschieden werden: der gewichtete und der ungewichtete Abstand. Hier wird der gewichtete analog der Darstellung von U. Goltz erläutert, da damit ebenfalls Netze mit Kreisen analysiert werden können, die mit dem ungewichteten Abstand nicht zu erfassen sind. Der ungewichtete ist zudem durch Einführung von Gewichten mit dem Wert 1 aus dem gewichteten abzuleiten.

Durch die zwei wichtigsten Eigenschaften von Kausalnetzen, Stellenunverzweigtheit und Kreisfreiheit, können für diese Netze die Relationen "li" (linear) und "co" (koinzident) eingeführt werden. Die Relation li bringt die Reihenfolge zum Ausdruck, während co die bereits mehrfach erwähnte Relation der Nebenläufigkeit ist. Eine Folge von S- und T-Elementen von einem "kleinsten" Element, das dadurch ausgezeichnet ist, daß es keinen Vorgänger hat, zu einem "größten" Element", das keinen Nachfolger hat und deren Elemente alle in der Relation li stehen, heißt Linie. Das Gegenstück zu dieser Konstruktion heißt *Scheibe*, ist jedoch die Einschränkung der co-Relation auf die S-Elemente. Ein Prozeß im formalen Sinne ist dann definiert als die Abbildung eines Kausalnetzes in ein B/E-Systemnetz, die unterschiedliche Scheiben auf unterschiedliche Fälle abbildet und die Vorgänger- und Nachfolgerrelation berücksichtigt. Zyklische Prozesse enthalten nun mindestens ein Element, das über die Relation li beliebig oft erreichbar ist. Einfache Prozesse enthalten keine derartigen Prozesse. Ein zyklischer Prozeß, der keinen zyklischen Teilprozeß enthält, heißt Reproduktionsprozeß.

Diese Definitionen, die hier teilweise wiederholt und teilweise neu dargestellt wurden, lassen als erste Aussage die Abschätzung der Länge einfacher Prozesse zu: Die Anzahl der Scheiben muß kleiner oder gleich der Anzahl der Fälle sein. Weiterhin ist einleuchtend, daß aus einem Prozeß Folgen von S- und T-Elementen als Teilprozesse zu einem Gesamtprozeß zusammengesetzt werden können, wenn dabei li und co gewahrt bleiben. Ein Beispiel war das Zusammenfügen der Einzelnetze zum Gesamtnetz. Ein Reproduktionsprozeß kann so durch Streichen der (identischen) Anfangs- oder Endscheiben gewonnen werden. Nach diesen einleitenden Vereinbarungen wird eine Maßfunktion eingeführt, die angibt, wieviele E-Elemente zwischen zwei Scheiben S1 und S2 liegen:

$$m(T,S1,S2) := |\{t \in T \mid S1 < t < S2\}| - |\{t \in T \mid S2 < t < S1\}|$$

Daraus wird die "gewichtete Varianz" abgeleitet:

$$v(E1,E2,p) := \max \{ \sum_{e_i \in E1} g(e_1) \cdot m(p^{-1}(e_i), S1,S2)$$

$$- \sum_{e_j \in E2} g(e_1) \cdot m(p^{-1}(e_j), S1,S2) \}$$

Dabei ist $g(e_i)$ ein Gewicht, das zunächst auf Eins gesetzt werden kann und E1, E2, e_i, e_j, die beiden Ereignismengen mit den zugehörigen Ereignissen, zwischen denen die Varianz berechnet werden soll. p^{-1} ist die Umkehrabbildung des betrachteten Prozesses. Der gewichtete Synchronieabstand ist nun nichts anderes als das Supremum über die Varianz aller Prozesse (Pr(Sy)), die in einem B/E-System (SY) möglich sind:

$$s(E1,E2) := \sup \{ v(E1,E2,p) \mid p \in PR(SY) \}$$

Für die praktische Berechnung ist die Bildung des Supremums über alle Prozesse ein nicht unwesentliches Handicap. Einige Zusatzüberlegungen erleichtern die Rechnung jedoch, so daß die Berechnung gewichteter Synchronieabstände bei den hier betrachteten Netzen regelmäßig möglich ist, wenn auch unter Umständen sehr aufwendig, da alle Netze endlich sind und nur einfache Prozesse betrachtet werden müssen (vgl. Abb. 51):

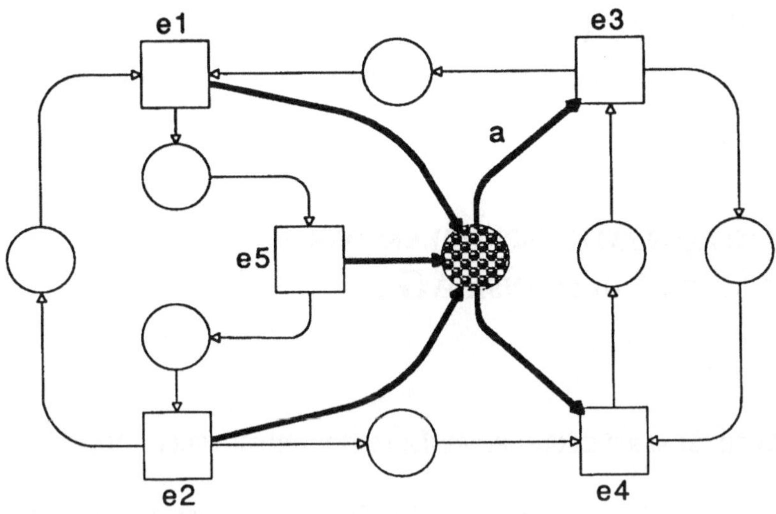

Abb. 51

Der Synchronieabstand (ohne Gewicht) zwischen den Ereignissen e1, e2 und e5 sowie den Ereignissen e3 und e4, dargestellt durch die fetten Linien und die zusätzliche Stelle, ist unendlich. Das erklärt sich dadurch, daß in jedem Durchlauf des linken Kreises 3 Marken auf die mit Punkten gefüllte Stelle gelangen, deren Pufferkapazität den Synchronieabstand darstellt, während der rechte Kreis immer nur zwei Marken pro Durchlauf abzieht. Es bleibt damit pro Durchlauf des Gesamtnetzes auf der Stelle eine Marke zurück. Wird nun vereinbart, dem Pfeil a das Gewicht 2 zuzuweisen, so können maximal nur noch 3 Marken zurückbleiben, die aber alle bei Durchlaufen des rechten Kreises wieder abgezogen werden. Der gewichtete Synchronieabstand ist mit dem Wert von 3 endlich und kommt so der intuitiven Vorstellung wesentlich näher als der ungewichtete mit dem Wert unendlich. Die Konstruktion dieses Synchronieabstandes ist zudem leicht durchschaubar: Er kann beliebig vergrößert werden, wenn die Kette zwischen e1 und e2 verlängert wird und jede zusätzliche Transition mit der Stelle verbunden wird.

B. Fall-Beispiel 1:
Die Interaktive Improvisation von Flugplänen

1. Ein Improvisationsproblem der Deutschen Lufthansa AG

1.1 Zur Aufgabenerfüllung einer Luftverkehrsgesellschaft

Ausgangspunkt des vorliegenden Falles ist ein konkretes Improvisationsproblem der Deutschen Lufthansa AG. Die Struktur des untersuchten Problems ist allerdings typisch für Luftverkehrsunternehmungen, die nach festen Flugplänen verkehren.

Die primäre Aufgabe von Luftverkehrsgesellschaften (LVG) besteht in der sicheren und termingerechten Beförderung von Passagieren, Post und Fracht zwischen vorgegebenen Orten. Zur Erledigung dieser Primäraufgabe sind sogenannte sekundäre Aufgaben wie die Kraftstoffsicherung, die Personalbereitstellung oder die Wartung des Fluggeräts zu bewältigen.

Die konkrete Aufgabenerfüllung einer LVG erfolgt unter anderem auf der Grundlage von veröffentlichten, für einen vorgegebenen Zeitraum verbindlichen Flugplänen, von Wartungs- und Personaleinsatzplänen, die wiederum aufeinander abgestimmt sind. Für die Erstellung dieser Pläne sind im wesentlichen drei Teilprobleme zu lösen: Die Festlegung des Streckennetzes, die Bestimmung der Abflugzeiten und die Zuordnung von Flugzeugen und Crews zu den einzelnen Flügen. Die Lösung der beiden erstgenannten Probleme hat als Restriktionen vor allem die gegebenen Verkehrsrechte, weitere staatliche Auflagen und den vorhandenen Flugzeugpark zu beachten. Die Entscheidung erfolgt unter Leistungs-/Kostenaspekten. Die Lösung des dritten Teilproblems orientiert sich an Verfügbarkeits-, Flexibilitäts- und Kostengesichtspunkten.

Die Realisierungen der Pläne werden jedoch durch eine Vielzahl nicht vorhersehbarer Störungen (z.B. Verspätungen) gefährdet. Das Auffangen bzw. Abwenden dieser Störungen, mit dem Ziel, die Primäraufgabe möglichst plangerecht zu erfüllen, verursacht letztlich Kosten. Das Nicht-Auffangen bzw. Nicht-Auffangen-Können birgt die Gefahr von Ertragseinbußen und führt langfristig evtl. zur Rufschädigung. Die Bewältigung der Planstörungen ist mithin für die LVG als eminent wichtig einzustufen.

Unser Vorschlag will dazu beitragen, die notwendigen ad hoc-Improvisationen zur Sicherstellung der Funktionsfähigkeit vorgegebener Flugpläne wirksam und möglichst auch wirtschaftlich zu gestalten.

1.2 CHARAKTERISTIKEN DES IMPROVISATIONSPROBLEMS

Das Grundproblem der Störanfälligkeit ist für LVG quasi permanent. Die individuellen Ausprägungen des Problems sind jedoch äußerst variantenreich. Ihre programmierte Erfassung erscheint, falls überhaupt möglich, ineffizient.

Störungen der Flugplanrealisierung können unter anderem resultieren

- aus technischen Problemen (z.B. Motor- oder Elektronikschaden),
- aus personellen Schwierigkeiten (z.B. Krankheit, Streik),
- aus verkehrsrechtlichen Problemen (z.B. Landerecht, Start- und Landeverbote zu bestimmten Zeiten),
- aus Witterungsbedingungen,
- aus Abfertigungsverzögerungen (z.B. beim Ent- und Beladen, Betanken oder bei der Lande- oder Startgenehmigung) oder
- aus politischen Unruhen.

Diese Störfaktoren sind größtenteils kaum vorhersehbar und also nur begrenzt planerisch zu bewältigen. Der Versuch, die technische Funktionsfähigkeit des Geräts durch frühzeitige und regelmäßige Wartung zu sichern, kann als Beispiel für die Möglichkeiten und Grenzen der Planung in diesem Bereich angesehen werden. Die Störungen der Flugplanrealisierung selbst können als

- "Verfrühung",
- Verspätung oder
- Ausfall von Flügen

charakterisiert werden. Lediglich die beiden letzteren werden im weiteren behandelt.

Störungen tangieren zunächst punktuell die Durchführung eines Fluges. Als solche wären sie durchaus verkraftbar. In der Regel schlagen Störungen aber auch auf die Realisierung anderer geplanter Flugbewegungen durch, die mit dem ursprünglich "gestörten" Flug technisch-logisch oder ökonomisch verbunden sind. Technisch-logische Verbundenheit liegt beispielsweise dann vor, wenn für zwei Flüge, die zeitlich aufeinander folgen, dasselbe Flugzeug eingesetzt werden soll. Ökonomische Verbundenheit ist gegeben, wenn ein Flug (z.B. ein Kurzstreckenflug) Zubringerfunktion für einen anderen (z.B. einen Transatlantikflug) hat. Zur Behebung oder Milderung derartiger Störungen besitzt eine LVG generell vier Lösungsvarianten:

(1) verspätete Durchführung eines Fluges,
(2) Zusammenlegen von Flügen,
(3) Einsatz eines anderen Flugzeugs (aus der Reserve oder aus einem anderen Flugzeugumlauf) auf dem geplanten, evtl. verspäteten Flug und
(4) ersatzlose Streichung eines Fluges.

Hierbei ist im einzelnen zu bedenken, daß z. B. die ersatzlose Streichung eines Fluges, die der Beförderungspflicht zuwiderläuft, nur unter bestimmten Bedingungen, durch die die Sicherheit gefährdet wird, erlaubt ist, nicht jedoch aus ökonomischen Erwägungen heraus. Allerdings kann für den Fall, daß zwei Flüge alternativ zu streichen sind, das ökonomische Argument entscheidend werden (z.B. das Kriterium Anschlußflug oder Auslastung des Fluges). Der Einsatz anderen Fluggeräts scheitert oft schon daran, daß LVGs versuchen, Flexibilitätsreserven (geplante und ungeplante) minimal zu halten. Das Zusammenlegen von Flugbewegungen setzt voraus, daß diese zeitlich annehmbar beieinander liegen und die Flugrouten räumlich kombinierbar sind. Für die Beurteilung einer Lösungsvariante sind darüber hinaus nicht nur die Auswirkungen auf den einzelnen Flug, sondern alle Folgen, die von ihr auf den gesamten Flugplan ausstrahlen, zu erfassen und zu bewerten.

Zunächst steht die Suche nach zulässigen Veränderungen des vorgegebenen Flugplanes im Vordergrund. Die Lösungsvarianten sollten

- eine weitgehende Erfüllung der Primäraufgabe - trotz der eingetretenen Störung - gewährleisten,
- eine Rückkehr in den geplanten Zustand (vor allem der Flugzeug- und Besatzungsumläufe) ermöglichen und
- wirtschaftlich vertretbar sein.

Im Einzelfall können beispielsweise die folgenden Randbedingungen für die Lösungssuche bedeutsam werden:

- Typ und Auswahl der verfügbaren Fluggeräte und Besatzungen,
- Wetterlagen,
- Verkehrsrechte,
- Versicherungssrecht,
- Flugzeiten,
- Flughafenausstattung und -bedingungen (Anzahl der Landebahnen, Landehilfen, Abfertigungspersonal, Wartungspersonal, notwendige Standzeit, Ersatzteillagerausstattung, Flugsicherung, zeitliche und flugzeugtypabhängige Start- und Landerestriktionen etc.),
- Anschlußflug- und Buchungssituation und
- Ausweichmöglichkeiten auf andere LVG (eventuell auf Geschäftspartner).

Die skizzierte Improvisationsnotwendigkeit stellt sich mithin als hochkomplexes Problem. Die hohe Interdependenzdichte im System der Flüge und die Vielzahl der zu berücksichtigenden Beurteilungsdimensionen (deren Gewichtung untereinander zudem situativ bedingt variabel ist) kompliziert das Durchdenken, Finden und Bewerten von Lösungsvarianten zur Behebung von Flugplanstörungen. An dieser Stelle ist anzumerken, daß durch eine geplante Konzentration von Starts und Landungen zu bestimmten Tageszeiten an einem bestimmten Ort eventuell notwendige (improvisierte) Übergänge zwischen Besatzungs- und Flugzeugumläufen erleichtert werden. Für die Lufthansa ist eine dementsprechende Knotenbildung in Frankfurt zu konstatieren. Allerdings fördert diese

Konzentration zugleich die Gefahr von Verspätungen aufgrund gestiegener Verkehrsdichte.

1.3 DIE HANDHABUNG DES IMPROVISATIONSPROBLEMS BEI DER DEUTSCHEN LUFTHANSA AG

Das systematische Überdenken von mehrdimensionalen Konsequenzen von Lösungsvarianten in einem äußerst komplexen Netz (als solches kann ein Flugplan interpretiert werden) stößt ohne adäquate technische Unterstützung sehr bald an die Grenzen menschlicher Analyse- und Beurteilungsfähigkeit.

Die Lufthansa hat zur Handhabung des Improvisationsproblems eine besondere Stelle, die Verkehrsbetriebszentrale in Frankfurt eingerichtet. Ihr obliegt die operationale Steuerung des Flugplanes mit einem Zeithorizont von 72 Stunden.

Die beschriebenen Probleme werden im wesentlichen durch einen Operations Controller und einen Assistenten gelöst. Diesen stehen als Hilfsmittel unter anderem zwei große computer-gespeiste Wandanzeigetafeln zur Verfügung, die alle relevanten Daten der laufenden Flüge und der im Umlauf folgenden zwei Flüge anzeigen, weiterhin Monitore, auf denen die in Frankfurt landenden, stehenden und startenden Maschinen und die neuesten Wetterberichte angesagt werden.

In komplizierten Fällen können von einem Bildschirm-Terminal (dieses arbeitet auch bei Systemreparaturen und -änderungen im on-line-Betrieb meist ohne Störung) detaillierte Informationen über den Flug, die Besatzung, das Flugzeug und die gebuchten oder beförderten Passagiere abgerufen werden.

Weiter bestehen noch einige Service-Routinen:

-       Flüge pro Tag nach einem bestimmten Zielort,
-       Rotation der Maschine,
-       Rotation der Besatzung und
-       die dazugehörenden Daten.

Das System wird durch Direktverbindungen zu den Außenstellen und durch die Dokumentation jeder Änderung und Maßnahme stets auf dem neuesten Stand gehalten.

Als weitere Hilfsmittel, die aber im wesentlichen der Kommunikation dienen, sind Direktschaltungen per Telefon zu den Außenstellen und den Stellen der Station, Funksprechverkehr zu den Maschinen etc. verfügbar.

Das wohl wesentlichste Element bei der Problemlösung ist jedoch die Erfahrung der Controller in Frankfurt, die aufgrund langjähriger Tätigkeit auch zu ausgefallenen Problemen schnell eine Lösung finden können. Die Schnelligkeit ist dabei ein vorrangiger Faktor, da Lösungen schon oft nach weniger als einer Stunde realisiert werden müssen. Diesem Aspekt tragen auch die Hilfsmittel der EDV-gestützten Informationsbereitstellung und -präsentation Rechnung.

Das Unbehagen aber bleibt, daß in (den gar nicht so seltenen) Streßsituationen Lösungsmöglichkeiten nicht zu Ende gedacht werden können oder gar nicht erst (aus Zeitnot) als Alternativen durchgespielt werden können.

2. Modellierung des Improvisationsproblems mit Hilfe der Petri-Netz-Theorie

2.1 Vermutungen zur Anwendbarkeit von Petri-Netzen bei der Handhabung des Improvisationsproblems

Die Komplexität der beschriebenen Problemstellung ist sicherlich zu gewaltig, als daß Optimierungskalküle bei vernünftigem Mittel- und Zeiteinsatz vertretbar wären. Die Fragestellung, die mit ihr verbundene Netzstruktur und die angestrebten "Zulässigkeitslösungen" vermitteln die Assoziation, daß eine erfolgreiche Analyse des Problems auf der Grundlage der *Petri-Netz-Theorie* erfolgen kann. Eine Petri-Netzmodellierung des Flugplanes gäbe dem Improvisierer ein Instrument an die Hand, mit dem dieser schnell und systematisch alternative Lösungsvarianten auf Aspekte ihrer Zulässigkeit ("Lebendigkeit" und "Sicherheit") testen kann. Die im Improvisationsproblem hervorstechende Koordinationsnotwendigkeit stützt die Vermutung, daß zu seiner Handhabung insbesondere auch die Darstellungsmittel und Auswertungssätze spezieller Petri-Netzklassen, vor allem die der Klasse der Synchronisations- und Zustandsnetze, Verwendung finden können.

Erfahrung und Kreativität der Improvisierer ("Controller" bei der Lufthansa) blieben nach wie vor die wichtigsten Elemente im Problemlösungsprozeß. Sie könnten jedoch dank der instrumentellen Unterstützung ausführlicher, schneller und sicherer genutzt werden. Insofern verdient das Konzept die Bezeichnung "interaktiv".

2.2 Modellierungsbeispiel

Die Vermutung, daß das Improvisationsproblem der Lufthansa als spezielles Petri-Netz (z.B. als Synchronisationsnetz) abbildbar und mit den in diesem Falle besonders mächtigen Analysemitteln der Petri-Netz-Theorie auswertbar ist, soll nun überprüft werden. Dazu ist es gemäß der skizzierten Modellierungsstrategie zunächst notwendig,

(1) festzulegen, welche Elemente des vorgegebenen Flugplanes und seiner angeschlossenen Rotationspläne (z.B. für Flugzeug- oder Crew-Umläufe) als Zustände bzw. Ereignisse im Sinne der Petri-Netz-Theorie zu bezeichnen sind sowie,

(2) aufbauend auf diesen Festlegungen, die Flugplan-Informationen sukzessive zu einem Petri-Netz zusammenzufügen.

Zur Erläuterung der Vorgehensweise unterstellen wir einen sehr einfachen und von vielen Einflußfaktoren (vor allem der Zeit!) "bereinigten" Ausschnitt eines Flug- und Flugzeugumlaufplans, in dem lediglich die Zuordnung von Flugzeugen zu Flugstrecken (Flug-Nr.) und Umsteigemöglichkeiten für Passagiere ("Zu-bringerfunktionen") zu beachten sind. Mit dem ersten Fall ist eine notwendige technische, mit dem zweiten Fall eine ökonomisch erwünschte Bedingungsklasse für den Flugverkehr eingeführt. Beide sollen im folgenden jedoch zunächst unterschiedslos als "unabdingbare" Bedingungen behandelt werden.

Der "Flugplanausschnitt" sieht folgendes Aktionsmuster vor:

Flug-Nr.	*Strecke*	*Flugzeug*	*Zubringer für Flug-Nr.*
151	Köln (CGN=5) - Frankfurt (FRA=1)	A	
131	München (MUC=3) - Frankfurt	B	211,411
141	Düsseldorf (DUS=4) - Frankfurt	C	
211	Frankfurt - Hamburg (HAM=2)	C	
511	Frankfurt - Köln	B	
411	Frankfurt - Düsseldorf	A	

Setzt man nun als Ereignis die Flug-Nr., die für den Controller zugleich Informationen über die Strecke und die Abwicklungszeit beinhaltet, und als Zustände alle die Bedingungen, die für die Realisierung der Flug-Nr. unabdingbar sind (sein sollen), hier also "Flugzeug Z für Flug-Nr. X vorhanden" (z.B. "A 151"), "Flugzeug Z für Flug-Nr. X flugbereit" (z.B. "A 151 ok") und "Umstei-

gepassagiere von Flug-Nr. X für den Weiterflug bereit" (z.B. "PAX 131") so
können dem Flugplan hinsichtlich Flug-Nr. 151 die nachstehend aufgelisteten
Zustands-Ereignis-Abbildungen entnommen werden (vgl. Abb. 51).

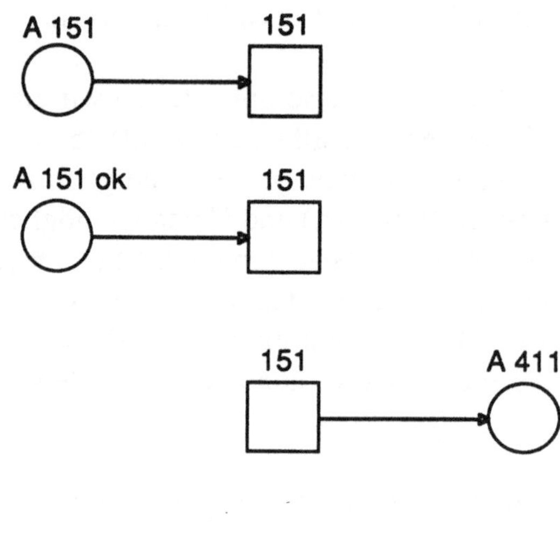

Abb. 51

Jedes Element dieser Auflistung wird in der Sprache der Petri-Netz-Theorie
als Abbildung eines Prozesses bezeichnet (z.B. "Der Zustand 'Flugzeug A 151
befindet sich am Boden' wird durch Ereignis 151 beendet"). Die Gesamtheit der
in dieser Form systematisch aufgelisteten Prozesse eines Flugplans heißt das
zugehörige "unverbundene Netz". Es ist Resultat der Stufe 1 der Modellierungsstrategie.

Die Verbindung der Elemente des unverbundenen Netzes zu einem zusammenhängenden Prozeßnetz ist gleichbedeutend mit der Definition der co-Relation. Hier verlangt die Ermittlung der co-Relation eine systematische Überprüfung und Fixierung der im Flugplan zum Ausdruck gebrachten (geplanten, aber
durchaus nicht unproblematischen, weil z.B.durch Nebel und ähnliches störanfälligen) Zusammenhänge zwischen den einzelnen Prozessen (vgl. das Ergebnis
in Abb. 52).

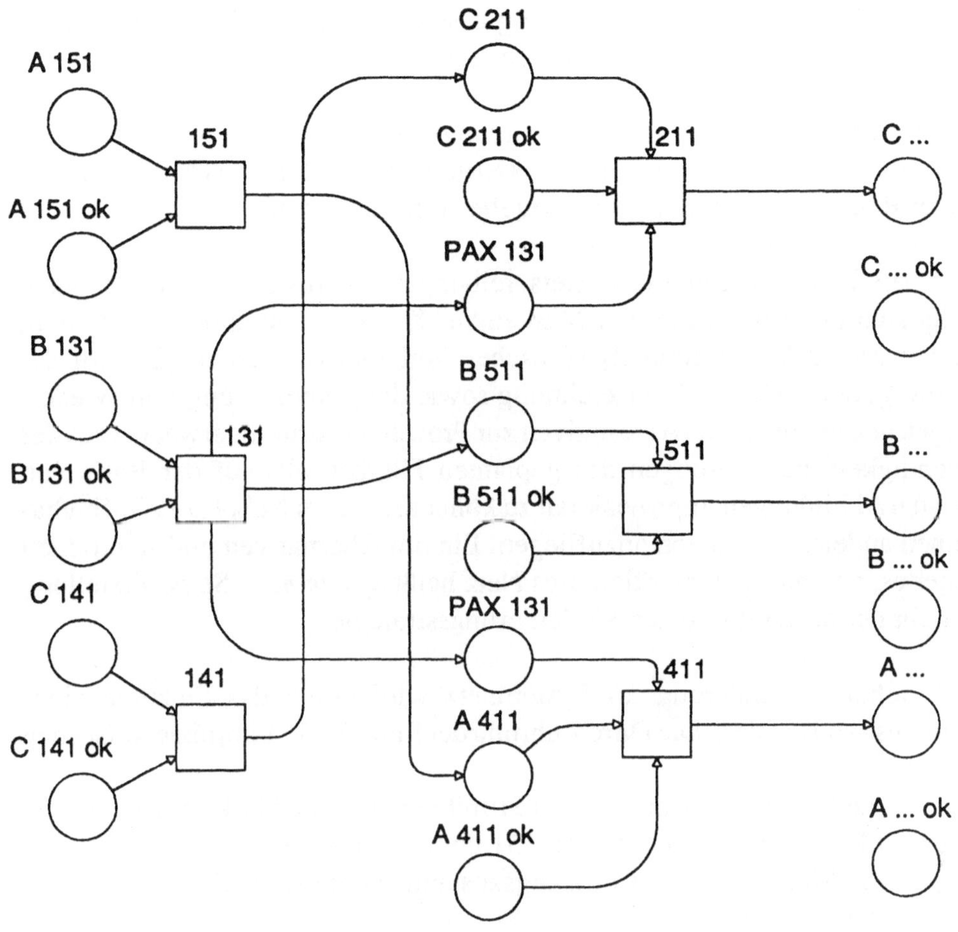

Abb. 52

Die Erstellung des zusammenhängenden Prozeßnetzes gemäß Abb. 52 entspricht der Stufe 2 der Modellierungsstrategie. Dieses Netz entspricht einer möglichen Übersetzung des Flugplanes in ein Petri-Netz und zwar hier in ein zustandsunverzweigtes Netz, also ein Synchronisationsnetz. Zu beachten an Abb. 52 ist die für Improvisationszwecke nützliche Einbeziehung von Eingangs-Zuständen (Bedingungen) für Ereignisse, deren Eintreffen (Markierung) selbst nicht vom Stattfinden vorgelagerter Ereignisse abhängt, deren Realisierung aber unabdingbar ist für das Schalten von nachgelagerten Ereignissen. Neben der hier aufgeführten Flugbereitschaft des Flugzeugs wäre an die Einbeziehung von Wetterbedingungen, von Ent- und Beladungsprozeduren etc. zu denken. Die Verifizierung dieser Bedingungen (Markierung) erfolgt durch externen Controller- oder Rechnereingriff aufgrund aktueller Informationen.

Für den Fall, daß Flugpläne stets reibungslos realisiert werden können, erübrigt sich die Einführung von Marken zur Kennzeichnung der realisierten, aktuellen Zustände aufgrund dynamischer Verhaltensweisen im System der Flugbewegungen. Deren Kennzeichnung sowie die Einbeziehung von Wiederholungen und ergänzenden Alternativen zur Prozeßnetzstruktur erwächst aus der Notwendigkeit, bei Störungen des geplanten Flugbetriebs auf der Basis von adäquaten Abbildungen improvisieren zu können, z.B. bei Nebel am Zielflughafen einen anderen Flughafen anzufliegen. Ein um Alternativen und Iterationen erweitertes, veränderlich markierbares Netz heißt *Systemnetz*. Seine Erstellung entspricht der dritten Stufe der Modellierungsstrategie.

Jede lokale Veränderung im Systemnetz wird durch das Schalten eines Ereignisses symbolisiert. Die Durchführung der Flug-Nr. 151 impliziert also, daß

-     alle Eingangszustände von 151 mit genau einer Marke besetzt sind,
-     alle Ausgangszustände von 151 unmarkiert sind,
-     alle Marken von den Eingangszuständen entfernt und
-     alle Ausgangszustände von 151 markiert werden.

Das Systemnetz ist also nicht nur die strukturelle Repräsentation eines dynamischen Systems, sondern es beinhaltet zugleich die Möglichkeit, die Vielfalt zulässigen *dynamischen Systemverhaltens* mit Hilfe von Markierungen und Schaltregeln vollständig abzubilden und sogar, wie in Abschnitt 3 ausgeführt wird, hinsichtlich bestimmter Eigenschaften kalkülmäßig zu analysieren.

An eine weitere, für Improvisationsüberlegungen unter Umständen fruchtbare Möglichkeit der Petri-Netz-Theorie sei kurz erinnert: Petri-Netze können bei Bedarf (auch lokal) vergröbert oder verfeinert werden, um dem Benutzer die Chance zu geben, sich auf das für ihn Wesentliche bzw. Notwendige der betrachteten Prozesse konzentrieren zu können (Modellierungsökonomie). Eine

Vergröberung des Netzes könnte z.B. durch das Zusammenfassen aller direkten Vor-Zustände (Vor-Bedingungen) für ein Ereignis (Flug-Nr.) erfolgen, mit der Konsequenz allerdings, daß bei Umsteige-Bedingungen bereits eine Zustandsverzweigung resultiert. Eine *Verfeinerung* des Netzes ergäbe sich u.a. durch die Definition von detaillierteren Bedingungen und Ereignissen im Verlaufe des Bodenaufenthaltes eines Flugzeugs vor bzw. nach Realisierung einer Flug-Nr. (z.B. in die Ereignisse Landung, Entladung, Tanken, Beladen, Start mit jeweils zugehörigen Zuständen).

Zwecks *Improvisation* können alternative Strukturen zum einen ad hoc (bei Bedarf), zum anderen auf der Grundlage von langjährigen Controller-Erfahrungen schon als *Improvisationsvarianten* vorab in das Systemnetz integriert werden. Hier, wie bei der ad hoc-Improvisation, wird also das Controllerpotential möglichst weitgehend gefragt und genutzt.

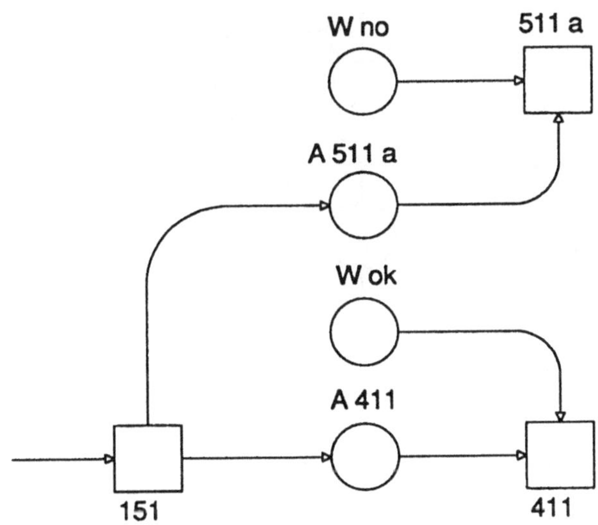

Abb. 53

In Abb. 53 ist eine Möglichkeit dieser Alternativenanreicherung dargestellt. Nach Flug-Nr. 151 steht A bei guten Wetterbedingungen ("W ok") für Flug-Nr. 411 nach DUS bereit. Flug-Nr. 411 wird durchgeführt. Erlaubt das Wetter in DUS keine Landung dort und herrschen in CGN gute Wetterbedingungen ("W ok"), so wird die als Variante vorgeplante Flug-Nr. 511a durchgeführt. Die Weiterführung des Netzes basiert dann auf dieser Realisierung von 511a. Ausgelöst wird sie durch eine entsprechende Markensetzung des Controllers bei "W ok" bzw. "W no".

Eine andere, bei komplexerer Modellierung unter Umständen transparentere Variante zur Einbeziehung derselben Vorab-Improvisation in das Systemnetz impliziert einen anderen Petri-Netztyp (vgl. Abb. 54).

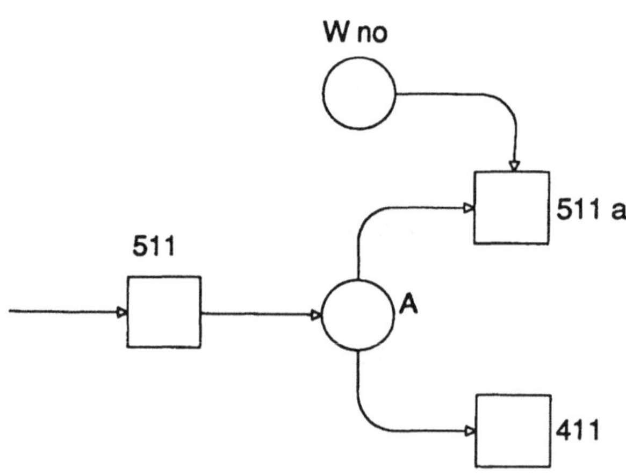

Abb. 54

In diesem extrem vereinfachten Fall ist bei unzureichenden Wetterbedingungen in DUS nach Durchführung von Flug-Nr. 151 Flugzeug A (syntaktisch) sowohl für Flug-Nr. 411 als auch für Flug-Nr. 511a vorgesehen, d.h. eine Zustandsverzweigung modelliert. In der Sprache der Petri-Netz-Theorie liegt

eine *Konfliktsituation* vor: Zwar sind beide Ereignisse (syntaktische) schaltbereit, die Schaltung des einen hebt jedoch die "Aktivierung" ("concession") des
anderen auf. Derartige Fälle bedürfen zur Auflösung einer Zusatz- oder Entscheidungsregel bzw. des externen Eingriffs, da die eventuell unerwünschte Realisierung von Flug-Nr. 411 nicht eindeutig qua Schaltregel ausgeschlossen werden
kann.

Ebenso können Konflikte bei ad hoc-Improvisationen des Systemnetzes
auftreten. Sie sind stets dann unproblematisch, wenn sie erkannt und plangemäß
gelöst werden. Für die Petri-Netzmodellierung bedeutet das, ein Instrument zu
entwickeln, mit dessen Hilfe Konflikte sicher identifizierbar sind, damit sie
durch Eingriff von außen (Markierung) oder aber durch eine entsprechende Re-
Formulierung (z.B. durch eine Verfeinerung wie in Abb. 53) auf syntaktischer
Ebene eleminiert werden können. Die Entscheidung über die Auflösung einer
Konfliktsituation verbleibt in jedem Falle bei den zuständigen Controllern.

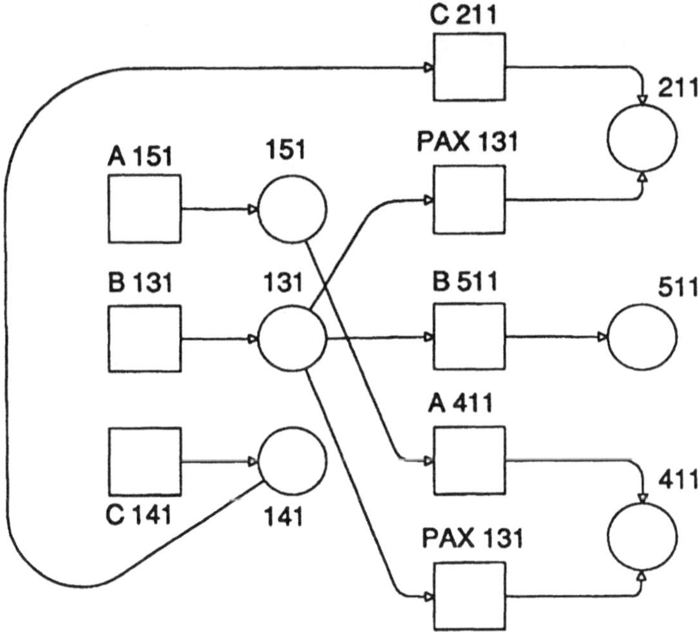

Abb. 55

Die Implikationen alternativer Zustands- bzw. Ereignisdefinitionen sind der folgenden Variante zu entnehmen. Hinsichtlich des gleichen Flugplanes sollen jetzt die Flug-Nummern als Zustände (Bedingungen) und als Ereignisse "Flugzeug Z ist flugbereit für Flug-Nr. X" sowie "Umsteiger von Flug-Nr. X sind für Flug-Nr. Y bereit" festgelegt werden. Von weiteren Einflußfaktoren wird abstrahiert. Das entsprechende Prozeßnetz hat nun die Gestalt eines Zustandsnetzes, weist also Zustandsverzweigungen auf (vgl. Abb. 55). Bezogen auf die gemeinsamen Elemente beider Netzdarstellungen kann Abb. 55 als die *duale Darstellung* von Abb. 52 interpretiert werden. Durch weitere denkbare Definitionen können aufgrund der praktizierten Modellierungsstrategie allerdings leicht auch gänzlich andere Petri-Netztypen resultieren.

3. Auswertung und Anwendung des Improvisationsmodells

3.1 Der algebraische Kalkül von Netzen

Größere Netze - und das Lufthansa-Netz zählt sicherlich zu dieser Kategorie - sind graphisch nur unter unmäßigem Zeitaufwand handhabbar. Aber gerade Zeit ist etwas, woran es den Controllern im allgemeinen mangelt. Die Einführung des *algebraischen Kalküls* zu gegebenen Netzen ermöglicht deren schnelle Analyse durch einen Rechner. Dazu wird zunächst die Matrix des gerichteten Netzes konstruiert:

- Bezeichnet man die (endliche Menge) der Ereignisse mit T und deren Elemente mit t_i sowie die Menge der Zustände mit S und deren Elemente mit s_i, dann folgt aus der Zustands-Unverzweigtheit für Synchronisationsgraphen formal:
  $$| \bullet s_i | = | s_i \bullet | = 1.$$

- Der Zusammenhang des Netzes wird durch $\forall s_i \in S$ sei $|s_i \bullet u \bullet s_i| > 0$ gewährleistet.

- Für ein Prozeßnetz gilt ferner aufgrund der Einmaligkeit der ablaufenden und abgebildeten Prozesse $s_i \neq s_j$ und $t_i \neq t_j$ für alle Elemente aus S und T.

- Die Richtung wird dann durch ein auf der Basis der co-Relation gewonnenes Paar von Relationen Z und Q definiert, die hier der anschaulichkeithalber graphisch präsentiert werden:

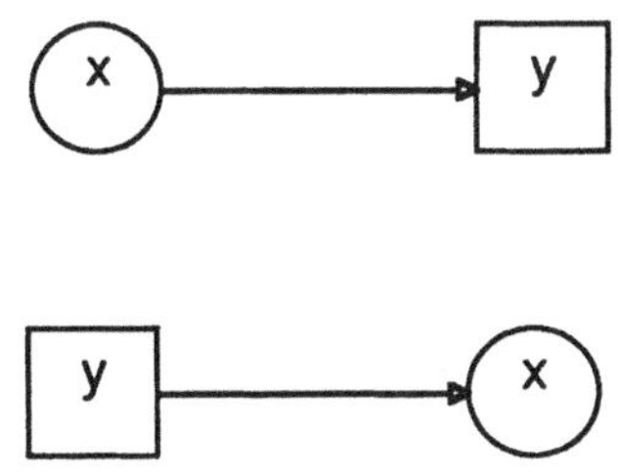

- Daraus wird nun die *Inzidenzmatrix* mit den Elementen c(s,t) mit Hilfe der Vorschrift

$$c(s,t) = \left[\begin{array}{l} -1 \text{ für } (s,t) \in Z \\ 1 \text{ für } (s,t) \in Q \\ 0 \text{ sonst} \end{array} \right.$$

gebildet.

3.2 Der Kalkül eines Flugplanbeispiels

Zur Bezeichnung der Zustände und Ereignisse des folgenden Netzes wird an die Informationsinhalte der Flugnummern angeknüpft (vgl. Abb. 56). Abb. 56 entspricht der Petri-Netzdarstellung eines Testflugplanes von P. Franke, in dem 3 Flugzeuge A, B, C die Orte 1, 2, 3, 4 in der abgebildeten Reihenfolge, unter Beachtung diverser Zubringerfunktionen, bedienen.

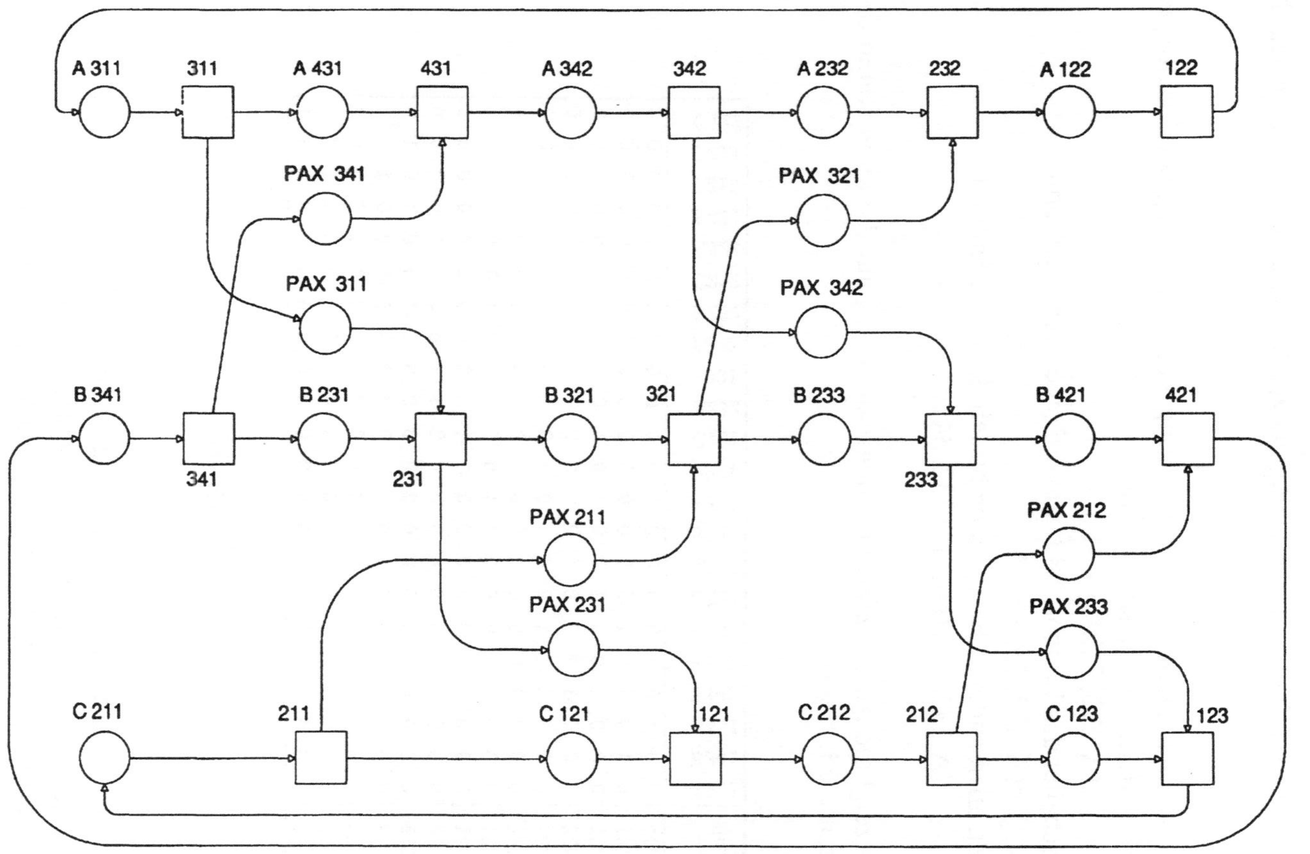

Abb. 56

Für den Zustand A 232 wird der Übergang zur Inzidenzmatrix exemplarisch erläutert:

-   Das vorgelagerte Ereignis 342 bringt bei Anwendung der Schaltregel eine Marke zu Zustand A 232:
    c(A 232, 342) = + 1.
-   Schaltet das Ereignis 232, so wird eine Marke entfernt:
    c(A 232, 232) = - 1.
-   Zu allen anderen Ereignissen besteht keine Verbindung:
    c(A 232, i) = 0 für i ≠ 232, 342.

Abb. 57 zeigt die *transponierte Inzidenzmatrix* C^{tr}, auf die im weiteren zurückgegriffen wird.

C^{tr}	A311	B341	A431	P341	P311	B231	C211	A342	B321	P211	P231	C121	A232	P321	P342	B233	C212	A122	B421	P212	P233	C123
311	-1	0	1	0	1	0	0	0	0	0	0	0	0	0	0	0	0	0	0	0	0	0
341	0	-1	0	1	0	1	0	0	0	0	0	0	0	0	0	0	0	0	0	0	0	0
211	0	0	0	0	0	0	-1	0	0	1	0	1	0	0	0	0	0	0	0	0	0	0
432	0	0	-1	-1	0	0	0	1	0	0	0	0	0	0	0	0	0	0	0	0	0	0
231	0	0	0	0	-1	-1	0	0	1	0	1	0	0	0	0	0	0	0	0	0	0	0
342	0	0	0	0	0	0	0	-1	0	0	0	0	1	0	1	0	0	0	0	0	0	0
321	0	0	0	0	0	0	0	0	-1	-1	0	0	0	1	0	1	0	0	0	0	0	0
121	0	0	0	0	0	0	0	0	0	0	-1	-1	0	0	0	0	1	0	0	0	0	0
232	0	0	0	0	0	0	0	0	0	0	0	0	-1	-1	0	0	0	1	0	0	0	0
233	0	0	0	0	0	0	0	0	0	0	0	0	0	0	-1	-1	0	0	1	0	1	0
212	0	0	0	0	0	0	0	0	0	0	0	0	0	0	0	0	-1	0	0	1	0	1
122	1	0	0	0	0	0	0	0	0	0	0	0	0	0	0	0	0	-1	0	0	0	0
421	0	1	0	0	0	0	0	0	0	0	0	0	0	0	0	0	0	0	-1	-1	0	0
123	0	0	0	0	0	0	1	0	0	0	0	0	0	0	0	0	0	0	0	0	-1	-1

Abb. 57

Anhand der Inzidenzmatrix ist es leicht zu überprüfen, ob ein Synchronisationsnetz und also auch *"Konfliktfreiheit"* vorliegt: Die Spalten von C^{tr} dürfen höchstens eine 1 und höchstens eine -1 enthalten, durch die ihre Verbindung zu dem bei Anwendung der Schaltregel liefernden bzw. abnehmenden Ereignis dargestellt wird (Zustands-Unverzweigtheit). Die Regel erlaubt also die einfache Identifizierung von Konflikt-Situationen in Netzen.

3.3 Netz-Invarianten

Mit Hilfe der transponierten Inzidenzmatrix C^{tr} können die sogenannten *Invarianten* des Synchronisationsnetzes rechnerisch bestimmt werden. Sie entsprechen den Lösungen des homogenen Gleichungssystems $C^{tr} \cdot i = 0$ unter den Bedingungen: Komponenten von $i > 0$ und ganzzahlig sowie I einfach (keine Linearkombinationen).

Eine Eigenschaft dieser Invarianten ist nun, daß die Markenzahl auf den durch sie beschriebenen Wegen des Netzes bei Anwendung der Schaltregel konstant bleibt. Invarianten des hier verwendeten Netzes sind z.B.

$$i1^{tr} = (1,0,1,0,0,0,0,1,0,0,0,0,1,0,0,0,0,1,0,0,0,0),$$

$$i2^{tr} = (0,1,0,0,0,1,0,0,1,0,0,0,0,0,0,1,0,0,1,0,0,0) \text{ und}$$

$$i3^{tr} = (0,0,0,0,0,0,1,0,0,0,0,1,0,0,0,0,1,0,0,0,0,1).$$

Die Invariante i1 entspricht graphisch dem Weg durch die Zustände A 311, A 431, A 342, A 232, A 122 in Abb. 56. Die Kenntnis von Invarianten erleichtert die Improvisation insofern, als Folgeerscheinungen sofort erkannt werden können. Fällt z.B. Flug 311 aus, so kommt bei Durchführung des Flugplanes kein Flugzeug auf diesen Umlauf - die Markenzahl bleibt bei Anwendung der Schaltregel konstant gleich Null. Der Ersatz der ausgefallenen Maschine durch eine aus der Reserve entspricht dann der Neumarkierung des Zustandes A 311, wodurch auch die Flüge 431, 342, 232, 122 in der Schaltfolge durchgeführt werden können. Invarianten dieses Typs entsprechen "Standardlösungen", die bei der Erstellung des Flugplanes, auch zur Vereinfachung der Arbeit der Controller quasi eingearbeitet werden können. Die Invariante i4 mit

$$i4^{tr} = (1,0,0,0,1,0,0,0,1,0,0,0,0,1,0,0,0,1,0,0,0,0)$$

umfaßt im Gegensatz zu i1, i2, i3 auch Zustände, die das Zubringen von Passagieren einschließen. Werden z.B. Passagiere der Flug-Nr. 311 nicht befördert, so wirkt sich die Unplanmäßigkeit auch auf die Flüge 231, 321, 232 und 122 aus - eine Information, die nicht sofort aus dem Flugplan ersichtlich ist.

3.4 SICHERHEIT UND LEBENDIGKEIT DES PETRI-NETZES

Die Diskussion der Invarianten hat die Bedeutung der sequentiellen Anwendung der Schaltregel auf Zustands-/Ereignis-Folgen gezeigt. Dabei wurde von einer Markierung ausgegangen, die Folgeanwendungen der Schaltregel im Normalfall zuließ, bzw. es wurden derartige Markierungen gesucht.

Die Lösung der Controller bei der Improvisation muß, um Folgestörungen zu vermeiden, einer *lebendigen und sicheren* Markierung entsprechen. Die Suche der Controller nach Improvisationsvarianten bei Flugplan-Störungen wird somit gleichbedeutend mit der Suche nach lebendigen und sicheren Markierungen.

Unterstellt man, daß in dem Beispiel-Netz der Abb. 65 das Flugzeug B nach Absolvieren von Flug-Nr. 341 in Ort 3 defekt wird und mithin der Flug-Nr. 231 nicht zur Verfügung steht, so kann Ereignis 231 nicht schalten (aus "technischen" Gründen - Flugzeug nicht verfügbar). Mit 231 verlieren zugleich die Ereignisse 321, 233, 421 usw. (also die gesamte Invariante i2) ihre ("technische") Lebendigkeit. Der Verlust der Markierung in B 231 induziert darüber hinaus aber auch den Verlust der ("ökonomischen") Lebendigkeit in den Ereignissen 121, 212, 123, 421, 232, 122 usw., da diese Flüge ihre Zubringerfunktion nicht erfüllen können. Die Nicht-Erfüllung dieser Bedingungen sind für die Controller im Ernstfall erheblich leichter als technische Defizite disponierbar. Für den Controller stellt sich die Aufgabe, den Verlust durch Störung möglichst gering zu halten: In unserem Falle sei davon auszugehen, daß die Flugzeuge A (für 431) und B (für 231) im Normalfall gleichzeitig in Ort 3 bereitstehen. Durch 231 werden mittelbar Zubringerfunktionen tangiert (PAX 231, PAX 211 und in der Folge auch alle weiteren des Netzes). 431 hingegen berührt zunächst keine weiteren Flug-Nummern als die eigenen Anschlußflüge. Angenommen, die Reparatur von B kann so rechtzeitig abgeschlossen werden, daß B für 233 wieder verfügbar ist, so könnte es für den Controller überlegenswert sein, Flugzeug A von 431 abzuziehen und auf 231 einzusetzen. Nach 321 könnte A auf seinen ursprünglichen Umlauf (für 232) zurückgetauscht werden, während B in 233 seinen Umlauf wieder aufnimmt (wobei unterstellt wird, daß 342 und 231 normalerweise ungefähr gleichzeitig in 3 landen). Statt des Verlustes von 231 und 321 einschließlich der Zubringerfunktionen, die von ihnen abhängen, wäre lediglich der Verlust von 431 und der Zubringer PAX 342 für 233 zu beklagen.

In der Sprache markierter Netze ergäbe diese Improvisationsvariante bei den tangierten Zuständen folgende Lösung: Ausgangs-markierung von PAX 341, PAX 311 und (jetzt!) A 231. Nicht mar-kiert ist (jetzt!) B 431. Durch Anwendung der Schaltregel werden die Markierungen in folgende Positionen transportiert (wobei der C-Umlauf - Invariante I3 - nicht explizit aufgeführt wird, da er ungestört schalten kann): Markierung in B 233, PAX 321, A 232. Nicht markiert wird PAX 342. Diese Bedingung muß vom Controller eliminiert werden, so daß auch 233 schaltbereit ist. Aufgrund des Eingriffs, d. h. der Improvisation, bleibt das Netz in den beabsichtigten Teilen lebendig. Abb.58 komprimiert die dynamische Folge der Markierungssituationen (im Sinne einer "Mehrfachbelichtung"): Die Markierungen ergeben sich durch sukzessives Schalten der, den Zuständen jeweils vorgelagerten Ereignisse bzw. durch das "Marken-Setzen" der Controller im Sinne der vorgeschlagenen Improvisationsvariante. Die Improvisationen sind durch gestrichelte Pfeile angedeutet.

Überlegungen dieser Art erscheinen, bezogen auf das extrem vereinfachte Beispiel, noch nicht dramatisch. In größeren Netzen ist die Lebendigkeit nach Improvisationseingriffen manuell allerdings wohl kaum noch systematisch überprüf- und herstellbar. In komplexen Netzen, die zugleich in der Regel komplexe ad hoc-Eingriffe verlangen, kommt dann auch der Begriff der Sicherheit zum Tragen. Vor allem Konfliktsituationen, die nicht erkannt werden, können zu Situationen führen (schalten), die gegen die Sicherheitsforderung verstoßen, z. B. in der Weise, daß zwei Crews oder zwei Flugzeuge für eine Flugnummer bereitgestellt werden.

A 311
311
A 431
431
A 342
342
A 232
232
A 122
122
PAX 341
PAX 321
PAX 311
PAX 342
B 341
B 231
B 321
321
B 233
B 421
421
341
231
233
PAX 211
PAX 212
PAX 231
PAX 233
C 211
211
C 121
121
C 212
212
C 123
123

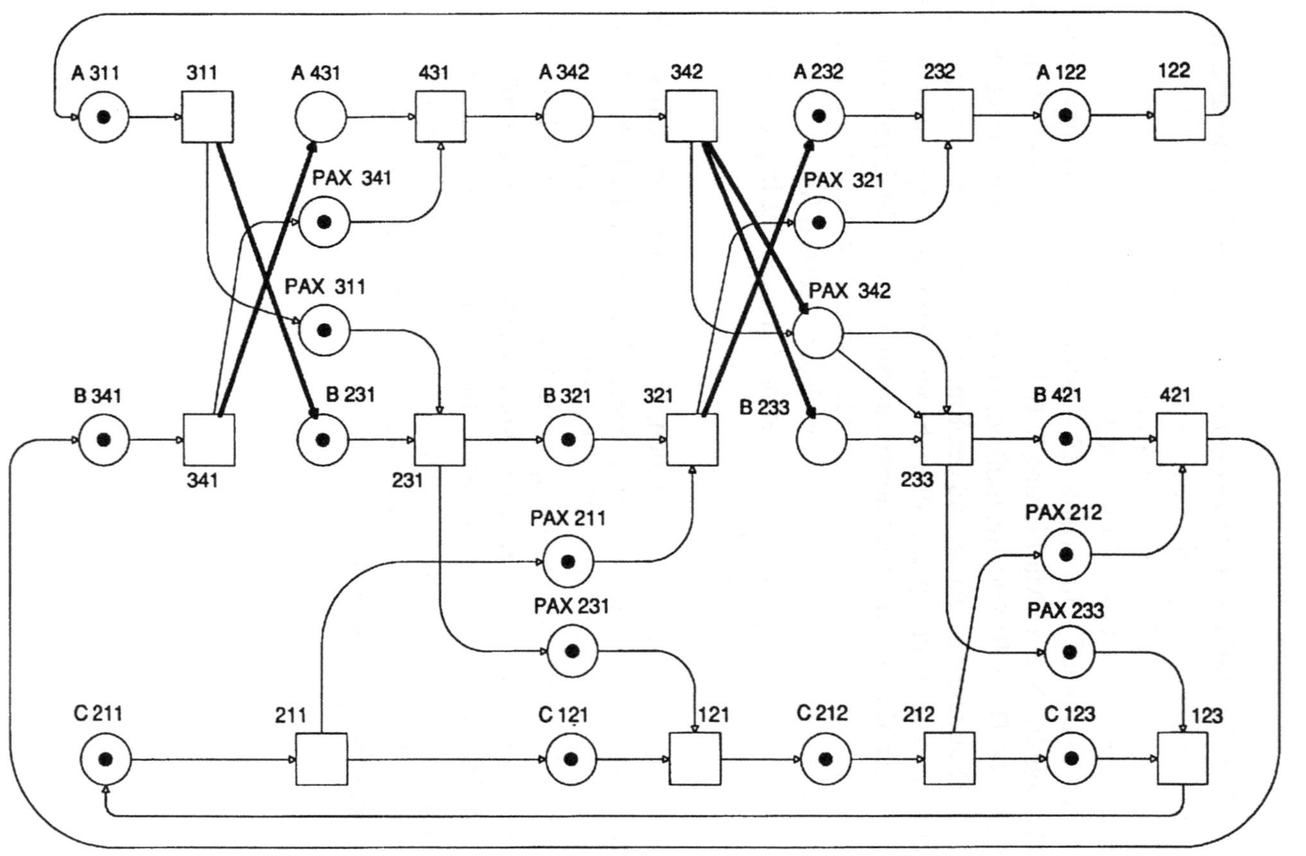

Abb. 58

4. Ansätze zur Modellverbesserung

4.1 Die Erfassung von Regeln

Aus Netzvergröberungen, die über die Zusammenlegung von Wiederholungen hinausgehen, können Konfliktsituationen resultieren. So könnte eine Flugroute an den Tagen 1, 3, 5, 7 einen anderen Verlauf haben als an den Tagen 2, 4, 6 (vgl. Abb. 59):

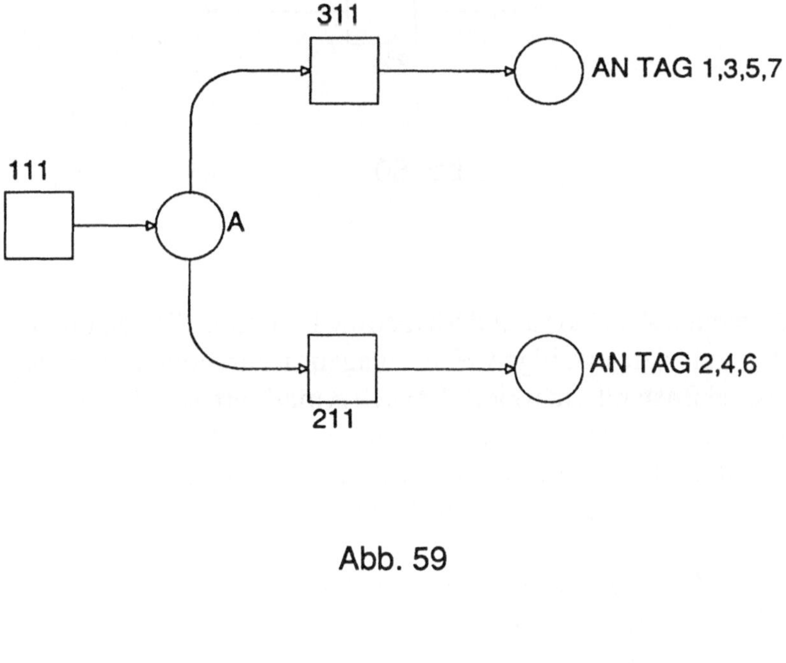

Abb. 59

Fliegt das Flugzeug A z.B. an Tag 1 von 1 nach 3, so soll es an Tag 2 von 1 nach 2 fliegen. Das dazu denkbare Petri-Netz in Abb. 59 enthält eine Konfliktsituation, die realiter nicht vorhanden ist. Derartige Verhältnisse können mit Hilfe einer ins Netz integrierten Entscheidungsregel durch *Sequentialisierung* aufgelöst werden (vgl. Abb. 60):

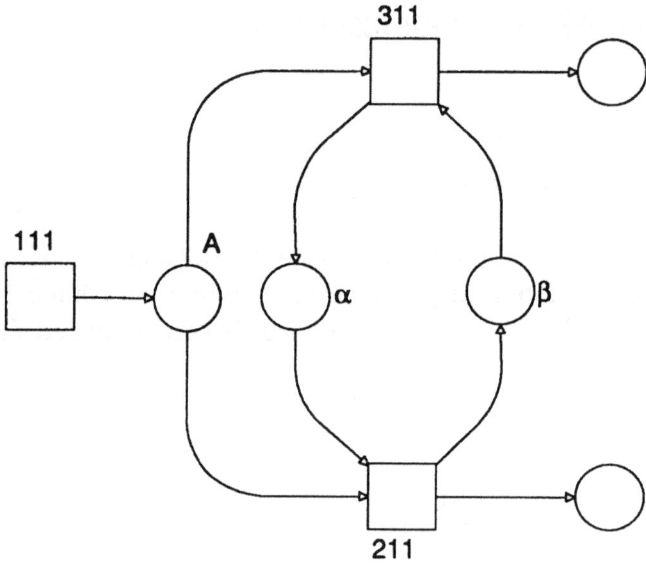

Abb. 60

Die regulierenden Zustände a und b haben die Funktion, die Schaltbarkeit von 311 bzw. 211 gemäß den jeweiligen Wochentagen zu garantieren. Vorausgesetzt, es sei Tag 2, so sei Zustand a markiert. Ist auch A markiert, so schaltet 211 - unter anderem mit der Folge, daß nun Zustand b markiert ist. Ist am folgenden Tag 3 Zustand A erneut markiert, so schaltet nun gemäß Schaltregel 311. Netze diesen Typs werden als *Petri-Netze mit einem Regulationskreis* bezeichnet.

Die skizzierte Modellierung impliziert den Abgang von zustandsunverzweigten Synchronisationsnetzen. Damit sind, wie das Beispiel zeigt, Probleme verbunden, die Lösungen anderer Art zulassen und verlangen. Zentrale Begriffe bleiben jedoch auch hier "Sicherheit" und "Lebendigkeit". Insbesondere werden bei der Anwendung von Sätzen über regulierte Petri-Netze Einschränkungen notwendig, die verhindern sollen, daß Marken auf einem Weg "verschluckt" werden. Bei den Synchronisationsnetzen ist bereits die Existenz einer (Zustands-)Invarianten hinreichend für die Möglichkeit einer lebendigen Markierung eines Netzes. Bei regulierten Petri-Netzen reicht das aber nicht aus, da auch Kreissysteme Ereignisse enthalten können, die zu nicht zum Kreissystem gehörenden Zuständen führen.

4.2 Koordination von Systemnetzen

Die Entwicklung des Flugplanes entspricht im wesentlichen der Harmonisierung des Routenplanes mit den Crew- und Flugzeugrotationsplänen. Diese Aufgabe stellt bereits beachtliche Anforderungen an die Planer. Die unter Zeitdruck zu bewältigende Improvisation, die zwar nur punktuell ansetzt, aber dennoch Überblick über die jeweiligen Implikationen wahren muß, ist damit durchaus vergleichbar. Vor allem gilt dies für die zu erbringende Koordinationsleistung der Controller.

In den Beispiel-Netzen wurde bislang die Modellierung des vorkoordinierten Gesamtflugplanes unterstellt, so daß erfolgreiche Improvisation auf dieser Modellbasis zugleich in einer koordinierten Lösung mündete. Probleme bei dieser Modellierung werden vor allem aus der Vielzahl von Bedingungen (Zuständen) erwachsen, die für die Flugplan-Realisierungen zu beachten sind. Da die kritischen (störanfälligen) Zustände des Netzes selbst aber wiederum als Elemente von relativ autonomen Teilnetzen (Rotationen) interpretierbar sind, könnte eine Komplexitätsreduktion der Modell-Unterstützung durch Konzentration auf diese Teilnetze und einen adäquaten, in der Petri-Netz-Theorie angelegten Koordinationsmechanismus, erzielt werden.

Diese *Koordination* soll das Parallellaufen zweier Prozesse aus unterschiedlichen Netzen bewirken. Petri definiert dazu genauer: Verbindung je eines Ereignisses aus den beiden Systemen über eine kapazitätsbeschränkte Stelle. Die Schranke gibt dabei an, wie oft ein Ereignis des einen Netzes schalten kann, ohne daß eines der anderen schalten muß. Die Anzahl von Marken, die sich dabei auf dem synchronisierenden Zustand ansammeln darf, heißt *Synchronie-Abstand*. An dieser Stelle soll lediglich die Besonderheit des Wie der Koordination von Petri-Netzen angedeutet werden: Sei I ein Ausschnitt aus dem Netz der Flugzeugumläufe, II ein Teilnetz des Mannschaftsumlaufs (vgl. Abb. 61):

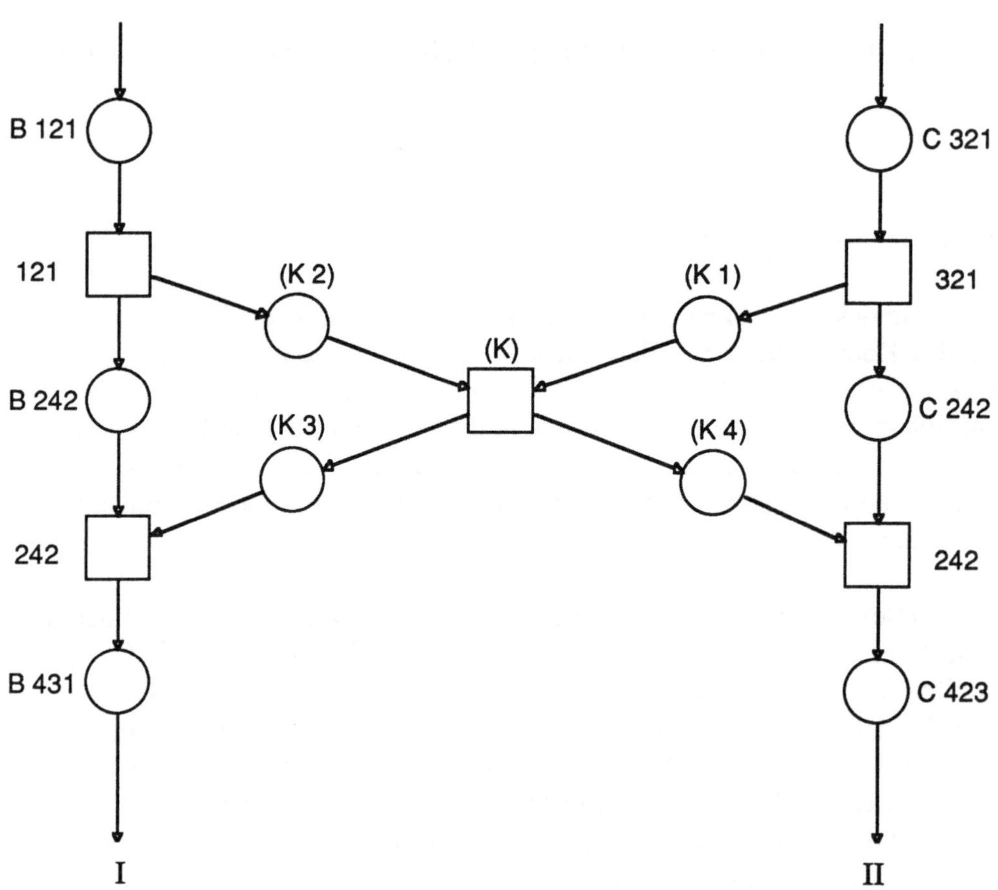

Abb. 61

Maschine B soll dann in Ort 2 von Crew C übernommen werden, um von dieser nach Ort 4 geflogen zu werden. An diesem Beispiel wird deutlich, daß bereits vor der Ankunft in Ort 2 die Voraussetzungen für dieses Vorgehen geschaffen sein müssen, um die geplante Flug-Nr. überhaupt realisieren zu können. Für die Improvisation ergibt sich damit die Aufgabe, eventuelle Störungen schon vor ihrem aktuellen Eintreffen zu beheben, d.h. Crew- und Flugzeugrotationen zwecks Abwicklung des Flugbetriebs zu koordinieren.

4.3 BEWERTETE NETZE

Die bisherigen Ausführungen zur Modellierung des Improvisationsproblems verzichteten auf die explizite Abbildung von Zeit und zeitlichen Restriktionen. Letztere wären lediglich als Prüf-Bedingung (analog zur "Wetterprüfung") pro Flug-Nr. integrierbar, wobei allerdings die "Zeitfortschreibung" für Crew- oder Flugzeugstunden außerhalb des Modells erfolgen müßte.

Mit Hilfe von *bewerteten* Netzen könnte hingegen die unmittelbare Einbeziehung zeitlicher Momente in das Modell gelingen. Eine erste Anregung mag durch folgende Überlegung vermittelt werden: Man bestimme den größten gemeinsamen Teiler (ggT) aller Flugzeiten. Dann können alle Zeiten des störungsfreien, geplanten Ablaufs - Echtzeitbedarf gleich Planbedarf - als ganzzahlige Vielfache des größten gemeinsamen Teilers berechnet werden. Die jeweiligen Multiplikatoren (> 0 und ganzzahlig) dienen als Bewertungsgrößen (vgl. Abb. 62). Betrage die Flugzeit für 121 4,2 h, die für 211 3,5 h, dann gilt ggT = 0,7. Die Bewertungsgrößen (Multiplikatoren) für 121 bzw. 211 entsprechen 6 bzw. 5. Sie werden den Kanten des Netzes zugeordnet.

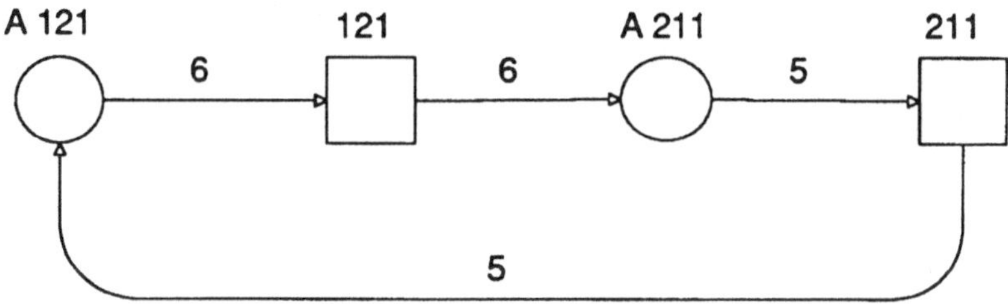

Abb. 62

Dabei ist darauf zu achten, daß Eingangs- und Ausgangskanten eines Ereignisses dieselben Werte bekommen. Ein Ereignis kann nur schalten, wenn sein Eingangszustand maximal so viele Marken trägt, daß der nachfolgende Flug (und sein Zeitbedarf) nicht gegen die "Legitimität" des Flugzeugs verstößt. Dazu wird eine Schranke für die höchstzulässige Markenzahl (Maximal-Stunden geteilt durch ggT) pro Zustand festgelegt. Bei 70 Stunden maximaler Flugzeit also 100 Marken. Durch Schalten eines Ereignisses werden dem nachfolgenden Zustand die Markenzahl des Eingangszustands, erhöht um die Bewertungszahl für das Ereignis, zugeführt. Sei also A 121 bei einer Markenzahl von 99 angelangt, so kann 121 nicht mehr schalten, da die Schaltung zu der (unzulässigen) Markenzahl von 105 auf A 211 führt. Diese Regelung ist realitätsnah und plastisch zugleich.

5. Die Leistungsfähigkeit der Petri-Netzmodellierung

(1) Unsere positive Beurteilung der Petri-Netz-Theorie generell und für die interaktive Unterstützung des Improvisationsproblems speziell basiert auf ihren Abbildungs- und auf ihren Auswertungscharakteristiken.

- Die Petri-Netzmodellierung ist *einfach* und *ausbaufähig*: Zusammenhänge in Realsystemen sind in abstrakter, aber anschaulicher Form darstellbar. Die Modellierungsstrategie enthält Prozeduren, um Elemente und Teilnetze zu umfassenderen Strukturen zusammenzufügen. Die semantische Re-Interpretation der Netze bzw. die ihrer Elemente wirft keine Schwierigkeiten auf.

- Die Petri-Netzmodellierung ist *flexibel*. Dies betrifft zum einen den Abstraktionsgrad der Abbildung, der stets den sachlichen und pragmatischen Erfordernissen angeglichen werden kann (z.B. durch, auch nachträgliche und lokale, Verfeinerungen und Vergröberungen). Zum anderen kann die Entscheidung, ob Prozesse sequentiell oder parallel ablaufen sollen, bei der Modellierung ausgeklammert werden. Durch entsprechendes, auch alternatives Marken-Setzen kann bei Bedarf (Improvisation) die notwendige Konkretisierung (Dynamisierung) eingebracht werden.

- Die Petri-Netzmodellierung ist im Prinzip *leicht erlernbar* und *kommunikativ*. Darüber sollte auch die notwendige Mathematisierung der bislang vorherrschenden Grundlagenforschung nicht hinwegtäuschen. Anwendungsorientierte Modellierungssoftware wird vermittelnd weiterhelfen. Die Basis dafür resultiert aus eben dieser strikten Formalisierung der Theorie. *Computerunterstützung*, die für komplexe Aufgabenlösungen unerläßlich ist, ist methodisch weitgehend vorbereitet.

- Dies gewinnt bezüglich der Auswertung von Petri-Netzmodellen verstärkt Bedeutung. Hierzu zählen:

- die Abbildung bzw. *Simulation* der relevanten dynamischen Ver haltensmuster einer Systemstruktur;
- die Beantwortung von "What-if"-Fragen in Abhängigkeit von be obachteten oder vorgegebenen Bedingungen;
- die Überprüfung von dynamischen Systemeigenschaften wie *In varianten, Konflikten, Lebendigkeit, Sicherheit* und *Deadlocks.*

In den Teilen 1 bis 3 von Abschnitt B wurde ein Modell des Improvisations-problems entwickelt, das die Voraussetzungen für Synchronisationsnetze erfüllte. Da die Entwicklung direkt am Realphänomen ansetzte, wurden Aussagen darüber gewonnen, wie das Modell bei Änderungen des zugrun-deliegenden Sachverhaltes diesem anzupassen ist, ohne dabei ein völlig neues Modell entwerfen zu müssen. Dadurch ist eine höhere Flexibilität bei Planungen kurzfristiger Art gegeben. Ebenso ergaben sich durch die Veri-fizierung sehr einfacher mathematischer Strukturen keine interpretativen Schwierigkeiten der Ergebnisse, die durch die Anwendung der theoreti-schen Sätze erhalten wurden. Durch die Vielzahl von Theoremen, die die Existenz lebendiger und sicherer Markierungen von Synchronisationsnet-zen zum Gegenstand haben, erscheint dieses Modell bereits geeignet, Lösungshilfen bei den konkreten Problemen geben zu können. Die Resul-tate der Auswertungen können zur Beurteilung von Improvisationsvarian-ten sowie als Anstoß für System- oder Markierungsänderungen (d. h. Improvisationen) herangezogen werden. Computerunterstützt eröffnen sie die Chance, in vertretbarem Zeitaufwand und methodisch abgesichert, gezielte und kreative Entwurfs- bzw. Improvisationsarbeit zu leisten.

Neben den in Abschnitt 4 angesprochenen theorie-induzierten Verbesse-rungsmöglichkeiten der Modellierung, bietet die Petri-Netzmodellierung dank ihrer flexiblen Verfeinerungsmöglichkeiten generell auch die Chance, Improvisationen und Auswertungen des Netzes auf verschiedenen Ab-straktionsniveaus ablaufen zu lassen. Dabei könnte das Netz für die Impro-visationsentscheidungen partiell abrufbar, detailliert und controller-nah im Sinne eines *Interpretationsmodells*, das Auswertungsmodell selbst jedoch hoch aggregiert gestaltet werden.

(2)   Auch die eingangs skizzierten Probleme der Flugplanerstellung selbst, deren Ergebnis für die Improvisationsmodellierung den Rahmen setzte, enthält eine Vielzahl von Ansatzpunkten für eine interaktive Petri-Netzunterstützung. Dabei ist an eine Interaktion zwischen Planer und Modell (einschließlich Rechner) zu denken, in deren Verlauf der Planer auf der Basis der vorgestellten Modellierungsstrategie (und mit entsprechend mächtiger und komfortabler Software) sein Netz iterativ entwirft. Einer "vorläufigen" Konstruktion der Systemstruktur folgt deren Analyse mit Hilfe gezielter oder kompletter Simulation und der Anwendung geeigneter Auswertungssätze der Petri-Netz-Theorie. Diese wiederum liefert Hinweise für notwendige Korrekturen der jeweiligen Systemstruktur-Abbildung.

(3)   Schließlich sei darauf verwiesen, daß die hier für ein spezielles LVG-Problem zusammengestellten Modellierungsüberlegungen für die Handhabung analoger Probleme nutzbar gemacht werden können.

C: FALL-BEISPIEL 2:
VERBINDUNG VON NETZEN UND ANDEREN METHODEN AM BEISPIEL PETROCHEMISCHER PRODUKTION

1. EINLEITUNG

1.1 GRÜNDE FÜR DEN EINSATZ VON NETZEN

Typisch für die petrochemische Industrie ist ein Geflecht von Rohren und Leitungen. Diese trivial erscheinende Feststellung ist bereits der erste Hinweis darauf, daß Probleme, die mit der gesamten Erzeugung verbunden sind, wie z. B. Emissionen, Energiehaushalt, Gesamtoptimum, Kostenrechnungssystem usw., nicht lokal beschränkt oder exemplarisch behandelt werden können, sondern immer im Gesamtzusammenhang geprüft werden müssen. Damit werden Abhängigkeiten, Zusammenhänge, Bedingungen und Voraussetzungen, die für das Gesamtsystem gültig sind, in jede Einzelfragestellung hineingezogen, so daß selbst Kleinigkeiten recht hohen Aufwand erfordern.

In der Praxis behilft man sich durch den Einsatz erfahrener Mitarbeiter, die Auswirkungen von Einzelmaßnahmen auf das Gesamtsystem abschätzen können.

Schwierigkeiten treten dann auf, wenn

- das Gesamtsystem zur Diskussion steht,
- das Gesamtsystem neuen, in den Konsequenzen aus Erfahrung nichtbekannten Anforderungen gerecht werden soll,
- Einzelmaßnahmen getroffen werden müssen, die bislang nicht notwendig waren oder
- Erfahrungsverlust durch Ausfall des entsprechenden Mitarbeiters zu decken ist.

Typische Fälle, in denen einer der hier aufgeführten Punkte zutrifft, sind für die petrochemische Erzeugung:

- wechselnde Qualität von Einsatzstoffen und - damit verbunden - wechselnde Ausbeuteverhältnisse,
- Koordination und Zielvorgabe für Produktion und Lager,
- Optimierung von Anlagenfahrweisen unter wechselnden Bedingungen
- Umstellung von Produktionsplänen,
- Maßnahmen und Auswirkungen bei Anlagenausfall,
- Disposition mehrstufiger Anlagen bei Kuppelproduktion,
- Einteilung des Personals bei Krankeit/Urlaub,
- Wahrnehmung unvorhergesehener Anlagenausfälle zu Wartungsarbeiten oder TÜV-Überprüfungen,
- Erfassung von Ist-Daten zur Weiterverarbeitung in anderen Systemen.

Zweifelsfrei können alle diese Aufgaben durch Administration bis „Zumgeht-nicht-mehr" gelöst werden. Diese Lösung ist aber bekanntermaßen kostenintensiv und schwerfällig, so daß kurzfristige Chancen nur mühsam genutzt werden können und übergreifende Maßnahmen sich nur langsam organisatorisch oder technisch einführen lassen. Dabei steht die Frage offen, ob z. B. übergreifende Rationalisierungspotentiale überhaupt erkannt werden können, wenn keine Gesamtdarstellung existiert, die die Gemeinsamkeiten aller relevanten Bereiche enthält, oder die Einordnung von Teilbereichen und Einzelaspekten des Gesamtsystems zuläßt.

Auf diesem Hintergrund werden Interdisziplinarität, Komplexität und Umweltdynamik als Einflußfaktoren deutlich, die zunächst ein statisches Modell (Bild) der Produktion und darauf aufbauend des dynamischen Verhaltens erfordern.

1.2 VORGEHEN

Im petrochemischen Bereich sind Netzdarstellungen unterschiedlichster Art geläufig:

- Verfahrensfließbilder,
- meß- und regeltechnische Pläne,
- Netzpläne bei Entwicklungen
- Datenflußpläne, Programmablaufpläne etc.

Aufbauend auf diesen vorhandenen Unterlagen scheint für die Netzmodellierung ein analytisches Vorgehen angemessen. Dabei wird unter analytisch jedoch nicht die starre, im Vorfeld bereits strukturierte und hierarchisierte Entwicklungsmethode verstanden, sondern eine auf „Grundschemata lokaler Gültigkeit" aufbauende und durch die Kontrolle eines mit der Entwicklung zu korrigierenden Kommunikationsnetzes koordinierte und zielgerichtete Analyse.

Bei der Festlegung der Grundschemata lokaler Gültigkeit wurde im vorliegenden Fall an die physikalisch-chemischen Gegebenheiten - bestimmend für die gesamte Produktion - angeknüpft, die aufgrund des Modellzieles, Erfassung der Zusammenhänge und Abhängigkeiten der Erzeugung, einen tragfähigen und weitgehend objektiven Ausgangspunkt bieten. Im Kommunikationsnetz können dagegen bereits spezielle Zielausprägungen ihren Niederschlag finden, die über die Wiedergabe der technischen Zusammenhänge hinausgehen. Das heißt, daß zunächst die Grundlagen petrochemischer Erzeugung erarbeitet werden und an einfachen Grundmechanismen der Schritt zur Abstraktion der Netze vollzogen wird.

Das Kommunikationsnetz enthält dagegen mehr oder weniger grob bekannte Zusammenhänge, strukturiert somit den gesamten Problembereich. Schon in sehr frühen Phasen kann es sich als notwendig erweisen, mehrere Netze nebeneinander zu verwenden, was einmal auf Zielkonkurrenz, in anderen Fällen auf interdisziplinären Inkompatibilitäten, unterschiedlichen Detaillierungsgraden oder der nicht erkannten Vermischung von Prozeß- und Systembeschreibungen beruhen kann.

2. Grundlagen petrochemischer Produktion

2.1 Einige Daten und Zusammenhänge

Zur Erleichterung und Einordnung der hier vorgestellten Produktion werden zunächst einige Daten und Zusammenhänge der petrochemischen Produktion angeführt.

Rohstoff der Petrochemie ist das Erdöl, ein Gemisch von Kohlenwasserstoffen, das in Raffinerien in homogenere Bestandteile, Fraktionen, getrennt wird. Die Fraktionen sind wiederum Gemische, deren Bedeutung nachstehender Tabelle zu entnehmen ist:

Fraktion	Destillat	Verwendung
Gas	Methan, Ethan, Propan etc.	Heizgas, Flüssiggas
Leichtöl	Gasolin, Leicht-, Schwerbenzin	Lösungsmittel, Kraftstoff, Putzmittel
Mittelöl	Petroleum, Gasöl	Petroleum, Diesel, Heizöl
Schmieröl	Schmieröl, Vaseline, Parafin	Schmiermittel, Salben, Dicht-, Kerzenmasse
Rückstand	Bitumen, Petrolkoks	Baustoff, Dichtmasse, Elektroden

Der Anteil einer Fraktion ist abhängig vom eingesetzten Rohöl und läßt sich nur in geringem Umfang variieren. So werden im Winter Rohöle mit einem geringen Prozentsatz an Rückstand bevorzugt, da dessen Hauptabnehmer, der Straßenbau, ruht. Eine erhöhte Nachfrage nach Kunststoffen kann zum Einsatz von gasreichen Rohölen führen.

Im weiteren wird die Darstellung auf die Verarbeitung der Gasfraktion beschränkt.

2.2 Nomeklatur

Die Definitionen werden auf die Hauptprodukte des Beispiels beschränkt. Haupteinsatzstoff des Anlagenkomplexes ist ein Raffinerieprodukt, das Naphtha genannt wird. Aus diesem werden die Monomere, einfache Kohlenwasserstoffverbindungen, gewonnen. Diese organischen Verbindungen werden nach der Anzahl der Kohlenwasserstoffatome, die als Index an das Elementzeichen „C" angehängt werden, und der Art der Bindung bezeichnet:

Die C_1-Fraktion enthält hauptsächlich Methan und Wasserstoff. Die C_2-Fraktion zeigt einiges der Vielfalt organischer Verbindungen: Sie enthält: Ethan, Ethen und Ethin. Analog sind in C_3-Fraktionen Propan, Propene und Propine zu finden. Die wesentlichen Vertreter der C_4-Fraktion sind Butan, Butene und Butine (z. B. Butadiene).

Die Zusammensetzungen dieser Fraktionen können in Abhängigkeit von gewähltem Verfahren und Verfahrensbedingungen variieren. Großchemische Anlagen werden jedoch niemals einen Stoff mit hundertprozentiger Reinheit produzieren können.

Der Anlagenkomplex enthält Einheiten, in denen durch Polymerisation aus Monomeren Polymere hergestellt werden. Die Bedeutung dieser Produkte ist unter dem Namen Plaste oder Kunststoffe wohl jedem geläufig.

Die Aufspaltung der Fraktionen und die Polymerisation erfordern neben den Einsatzstoffen auch Energien oder setzen Energien frei. Daneben werden Katalysatoren eingesetzt, die unter speziellen Reaktionsbedingungen, die Produktion ermöglichen.

2.3 Schematische Darstellung einiger petrochemischer Prozesse

Eine kleine Auswahl mag genügen, die Hypothese zu stützen, daß es grundsätzlich möglich ist, die Produktionsprozesse als Netze darzustellen. Daneben zeigen sich bereits inhaltliche Unterschiede: Die Netze bilden Ausschnitte des Produktionssystems ab, die jedoch als Prozesse bezeichnet werden. Auf dieser sprachlichen Ungenauigkeit basieren häufiger Mißverständnisse, da die Vermischung von Systemen und Prozessen nicht immer leicht feststellbar ist (Abb. 63).

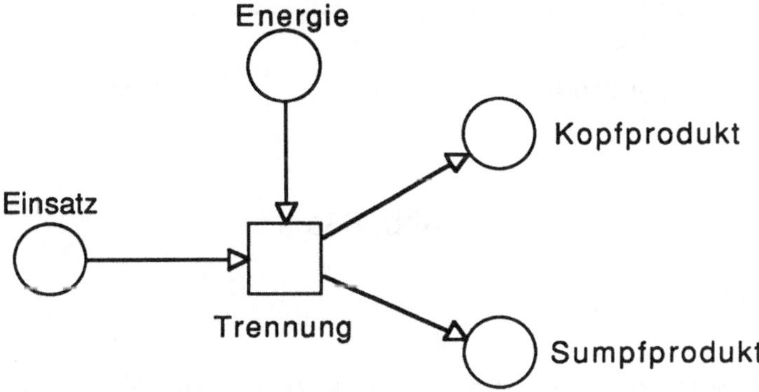

Abb. 63a

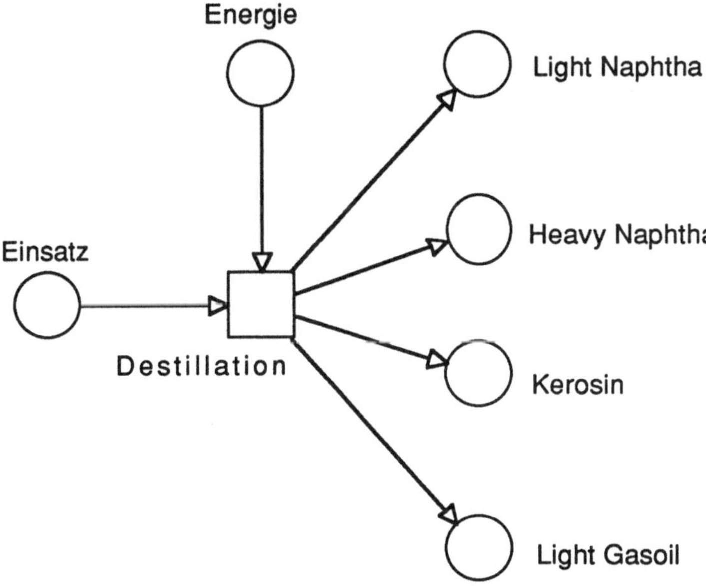

Abb. 63b

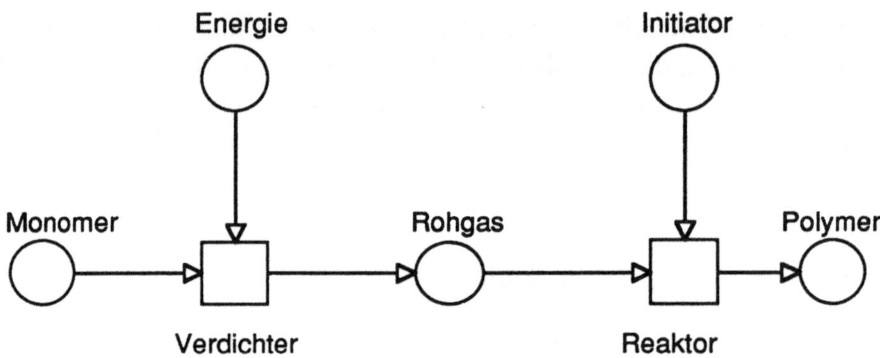

Abb. 63c

Eine weitere Besonderheit dieser Produktion ist deren Stetigkeit, Kontinuität. Die Diskrepanz zwischen Kontinuität und Diskretheit der Netze kann zunächst durch die Interpretation von Prozessen als Fortpflanzung einer Störung behoben werden. Diese Konstruktion wird sich jedoch als unwesentlich erweisen.

3. Ansätze zur Systematisierung

In arbeitsteilig durchgeführten Entwicklungen kann die Festlegung von Grundschemata für die einzelnen Bereiche und/oder Aspekte des Problembereiches eine wertvolle Hilfe sein. Die lokale Beschränktheit von Netzen erlaubt den „Zusammenbau" dieser Bausteine zu einem Gesamtnetz, wenn koordinierende Elemente zusätzlich definiert werden.

3.1 Grundschemata

Chemische Grundprozesse

Zur vereinfachten, modellmäßigen Erfassung chemischer Vorgänge, wird ein Grundschema entwickelt, das von einem allgemeinen Reaktionsbegriff der Chemie abgeleitet wird. Als Reaktion wird hier definitorisch eine Änderung bezeichnet, die einen Anfangszustand, bestehend aus einem oder mehreren Stoffen und einem Energiepotential, in einen Endzustand, wiederum bestehend aus einem oder mehreren Stoffen und einem Energiepotential, überführt: Alle Grundelemente haben mindestens zwei Eingangs- und zwei Ausgangsstellen (Abb. 64).

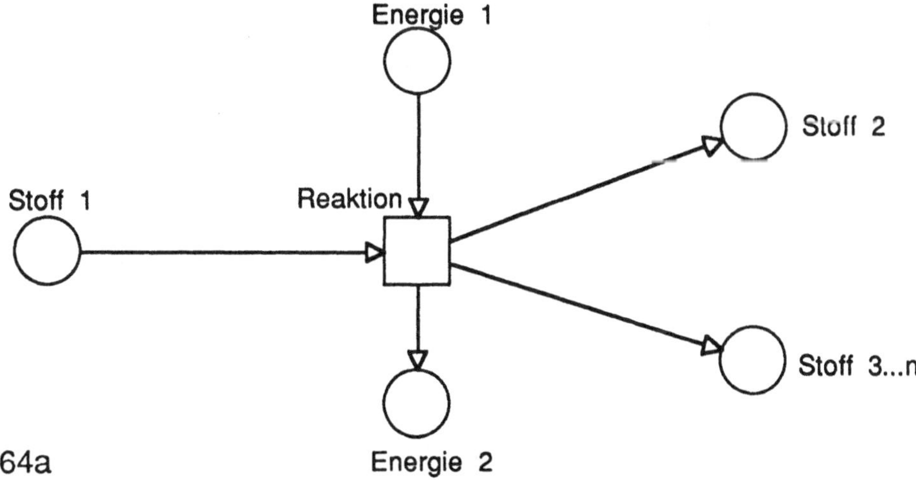

Abb. 64a

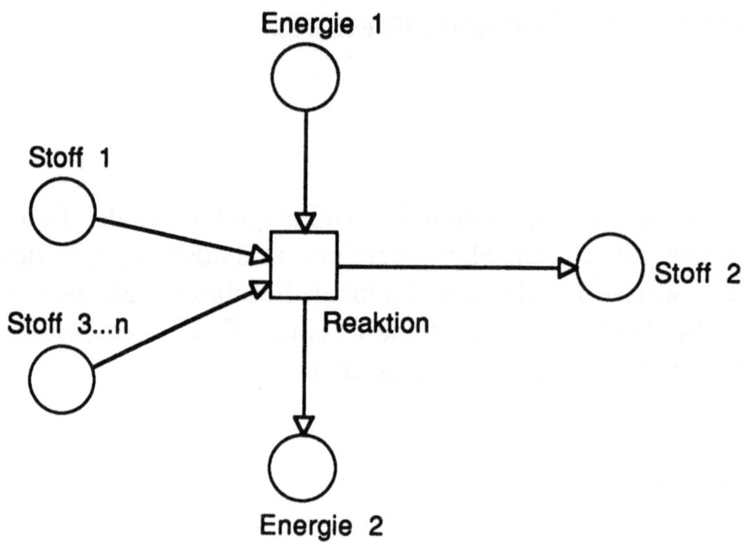

Abb. 64b

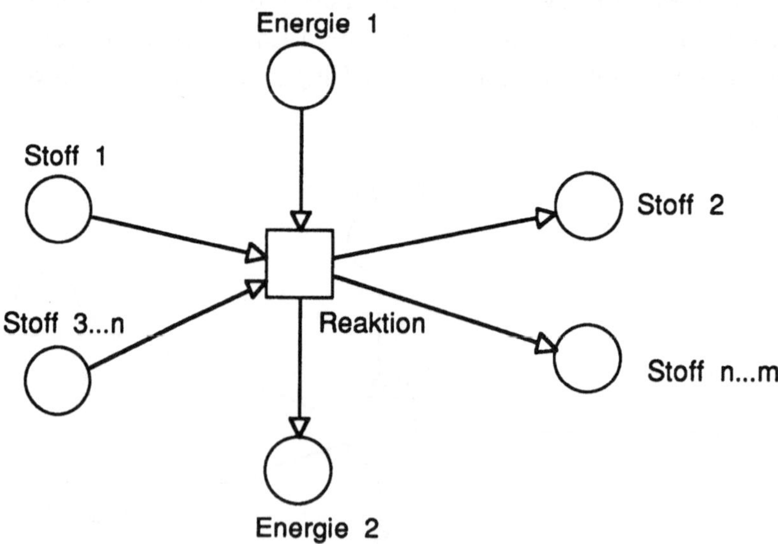

Abb. 64c

Physikalische Grundprozesse

Trotz Überschneidung mit den chemischen Grundprozessen werden Trennung unterschiedlicher Stoffe und Energieumwandlung gesondert aufgeführt (Abb. 65).

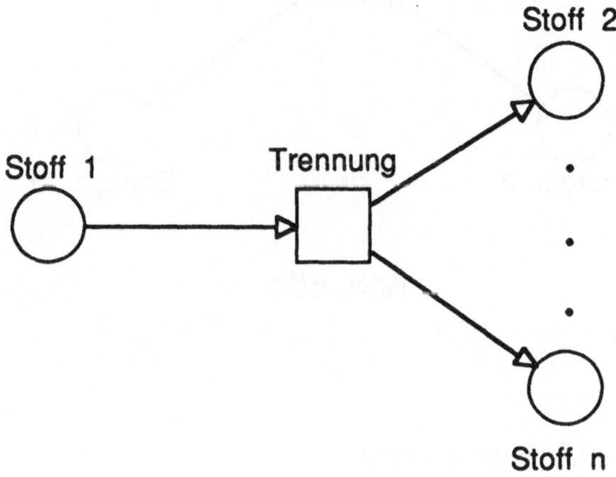

Abb. 65a

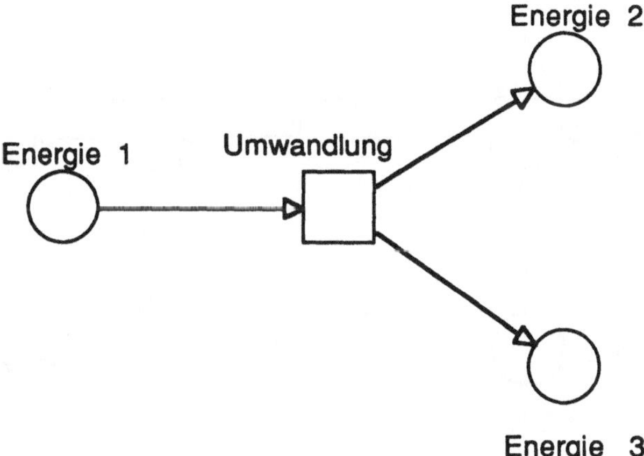

Abb. 65b

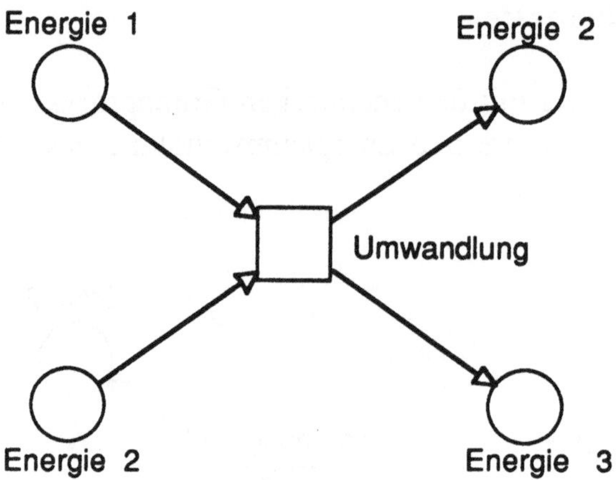

Abb. 65c

Verfahrenstechnische Grundschemata

Die hier einzuordnenden Strukturen wurden bereits unter 2.3 aufgelistet. Dabei wurden jedoch Vereinfachungen im Bereich der Energien gemacht, die nicht erkennen lassen, daß ebenfalls Rückkopplungen typisch für die dargestellte Produktion sind. Diese treten z. B. bei der Verwendung von Prozeßwärme auf (Abb. 66).

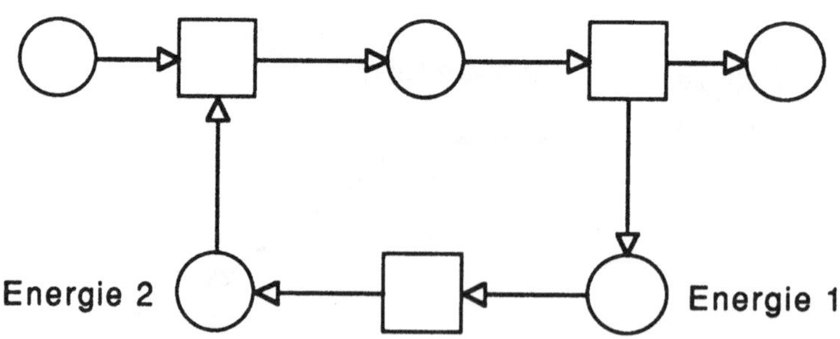

Abb. 66

3.2 Grundinterpretationen

Im vorangegangenen Abschnitt wurden Interpretationen ohne definitorische Abgrenzung verwendet. Als Grundinterpretation für die chemischen Zusammenhänge ohne Energieberücksichtigung bieten sich folgende Setzungen an:

Die Stellen werden Stoffe genannt und die Transitionen Reaktionen. Dem Schalten entspricht der Ablauf einer Reaktion, die Ausgangsstoffe zeitlos und vollständig in die Endprodukte überführt.

Analog wird für die physikalischen Gegebenheiten gefordert: Die Stellen werden Energien genannt und die Transitionen Umwandlungen. Dem Schalten entspricht die zeitlose und vollständige Umwandlung von Anfangsenergien in Endenergien eines Prozesses.

Die verfahrenstechnischen Definitionen lassen sich aus den vorangegangenen ableiten. Stellen werden Stoffe oder Energien genannt, Transitionen als Anlagen oder Anlagenteile bezeichnet. Das Schalten heißt Prozeß. Verwechslungen der Prozeßbegriffe sind hier unerheblich, da die Aussagen über die Netzstruktur direkt auf die Struktur des Realsystems übertragbar sind.

3.3 Netzklassenbestimmung

Die Netzklassenbestimmung setzt an den Gemeinsamkeiten der physikalischen und chemischen Grundschemata an. In allen ist gegeben:

- Anwesenheit von Stoffen und/oder Energien,
- Zusammenwirken mindestens zweier Komponenten zur Reaktion und/oder Umwandlung und/oder zum Prozeß,
- alle Reaktionen, Umwandlungen, Prozesse haben mindestens eine Ausbringung.

Für Netze, die das reale System abbilden sollen, ist so zu postulieren:

1) Keine Stelle hat mehr als einen Eingang und mehr als einen Ausgang.

2)   Jede Transition hat mehr als einen Eingang und mehr als einen Ausgang.

3)   Es gibt keine isolierten Elemente, losgelöste Stellen oder Transitionen sind ausgeschlossen.

4)   Jede Stelle kann nur einfach markiert sein.

5)   Es gibt keine Prallelverbindungen.

6)   Es gibt keine Schlingen.

Die Auswirkungen dieser Forderungen sowie die Bedeutung von 5) und 6) werden zeigen, daß der damit verbundene Mechanismus für naturgesetzliche Abläufe eine gute Analysehilfe bildet.

zu 1) Dadurch wird beispielsweise verhindert, daß ein Produkt, das auf zwei Fertigungsstraßen parallel hergestellt wird, direkt als Einheit betrachtet werden kann. Damit sind - wie immer - Vor- und Nachteile verbunden: Für parallele, chemisch identische Reaktionen sind die Endprodukte dieselben chemischen Produkte. Warum also nicht aus den symbolisierenden Transitionen Pfeile zu derselben Stelle ziehen? - Die umgangssprachliche Ungenauigkeit unterscheidet nicht zwischen dem Sammelbegriff Reaktion als Bezeichnung für eine Vielzahl von Einzelreaktionen der Atome, Moleküle ... und dem Einzelbegriff als Reaktion von Individuen von Atomen und Molekülen. Damit wird bei Verwendung des Sammelbegriffes die Prallelschaltung derselben Reaktion aussagenleer, werden nicht zusätzliche Unterscheidungskriterien wie Mengenangaben o. ä. hinzugenommen, die hier definitionsgemäß ausgeschlossen sind. Die Parallelschaltung unterschiedlicher Reaktionen mit demselben Reaktionsprodukt würde bedeuten, daß nur durch Eintritt beider Reaktionen das Endprodukt entstehen könnte. Die Zusammenführung von Reaktionsprodukten auf der Ebene der Individuen des Einzelbegriffs würde hingegen bedeuten, daß aus „Zwei Eins" würde. Der Vorteil dieses Postulates liegt so in der Wahrung dieses Unterschiedes bei der Modellierung.

zu 2) Eine Konstruktion Stelle-Transition würde für die chemische Interpretation die Umwandlung eines Stoffes in einen anderen ohne weitere Einwirkung symbolisieren. Uranzerfall erschiene modellmäßig als eine Wirkung ohne Ursache. Ein derartiger Prozeß tritt in dieser Produktion nicht auf.

zu 3) Dieses Postulat erscheint unmittelbar einsichtig, da isolierte Elemente keine Auswirkung auf den Zusammenhang haben. Im Anfangsstadium einer Entwicklung können Netze existieren, die isolierte Elemente enthalten, was auf nicht entdeckte Verbindungen hinweist.

zu 4) Die Beschränkung auf einfach markierte Netze ist durch die grobe Fragestellung, die Produktion in ihren Zusammenhängen zu erfassen, gerechtfertigt.

zu 5) Bei den verwendeten Interpretationen ist der Ausschluß paralleler Verbindungen unwesentlich.

zu 6) Speziell für katalytische Prozesse scheint die Voraussetzung der Schlingenfreiheit verletzt, da der Katalysator zur Reaktion notwendig ist, aber nicht verbraucht wird. Auch hier ist die sprachliche Ungenauigkeit Ursache des Problems: Für den Sammelbegriff ist der Katalysator eine Reaktionsbedingung, die wie andere Stoffe oder Energien verbraucht oder abgenutzt wird. Der Einzelbegriff führt zur Trennung der betrachteten Reaktion in eine Kette von Reaktionen.

Die Postulate 1) - 6) bestimmen die Netzklasse der Modellierung: Führen Pfeile von den bislang neutral als Stellen bezeichneten Elementen zu Transitionen, so werden diese formal als Vorbedingungen von Ereignissen angesehen. Schlingenfreiheit und das Verbot paralleler Verbindungen mit der Vereinbarung der einfachen Markierung führen zu B/E-Systemen. Darüber hinaus erfüllen diese weitere Bedingungen:

- Keine Stelle hat mehr als einen Eingang und mehr als einen Ausgang. Damit werden Konfliktsituationen ausgeschlossen, die alternative Abläufe der Produktion symbolisieren würden.
- Jedes Ereignis hat mindestens zwei Vorbedingungen, so daß „Selbstreaktionen" und damit die Unkontrollierbarkeit der ablaufenden Prozesse ausgeschlossen werden.

Die erste Bedingung erlaubt die Verwendung von Synchronisationsgraphen, die im weiteren vorausgesetzt werden, wenn nicht anders gesagt.

4. MODELLBILDUNG FÜR EINEN PETROCHEMISCHEN ANLAGENKOMPEX

4.1 KOMMUNIKATIONSNETZ

Für die Petrochemie ist eine Anzahl von Beschreibungen gesetzlich vorgeschrieben oder standardmäßig vorzufinden. Diese sind unter Berücksichtigung fachlicher Ausrichtungen und dem angesprochenen Personenkreis zu sichten, um einen Überblick über die Produktion zu gewinnen.

Auf dieser Basis kann ein Kommunikationsnetz entwickelt werden, das als Leitfaden für die weiteren Entwicklungen dient (Abb. 67).

Das Kommunikationsnetz oder besser die Kommunikationsnetze werden nicht sofort Synchronisationsgraphen sein, sondern keiner formalen Netzklasse angehören. So werden Kanal/Instanz-Netze (K/I-Netze) in diesem Stadium zu erwarten sein. Das hier angeführte Kommunikationsnetz entstand erst, nachdem eine Vielzahl von Entwürfen als falsch erkannt wurden. Auch sollte der systematische Eindruck des Netzes nicht darüber hinwegtäuschen, daß seine Vorgänger unübersichtlich und ungeordnet waren. Schon die Beschränkung auf wesentliche Zusammenhänge ist als Problem anzusehen, das einerseits mit der Festlegung der Modellgrenzen, andererseits mit dem Detaillierungsgrad verbunden ist.

An dieser Stelle wird zur Vereinfachung die Einschränkung auf den Stoffffluß gemacht. Energien werden also nicht berücksichtigt. Die Grundmechanismen sind in den Netzen so nur bruchstückhaft vertreten. Dadurch enthalten die Netze ebenfalls Stellen/Transitionsketten.

4.2 EINZELNETZE DER ANLAGENÜBERSICHT

Die Anlagennetze sind nicht als Konstruktionsvorschriften anzusehen, ebensowenig sind sie Denkmodelle der Betreiber. Sie stellen vielmehr eine Entwicklungsstufe des Grundmodells dar, die bereits wesentliche Merkmale der Produktion erkennen läßt.

Einsatz-gase
Naphtha
Kohlenwasser-stoffe
Benzol
Ethenanlage
Butene, -ine
Propen
Methan
Ethylbenzol/ Styrol-Anlage
Ethen
Unr. Ethen
C4-Poly-merisation
Gasanlage
Ethen-Polymerisation
Toluol
Styrol
C2-Polymer
PO-C3
C4-Polymer
Kautschuk-anlage
Batch
C3-Rest
Butadien
C4-Rest
Kautschuk
Verarbeitung
C3-Polymerisation
Zusätze
C2-Polymertyp
C3-Polymer

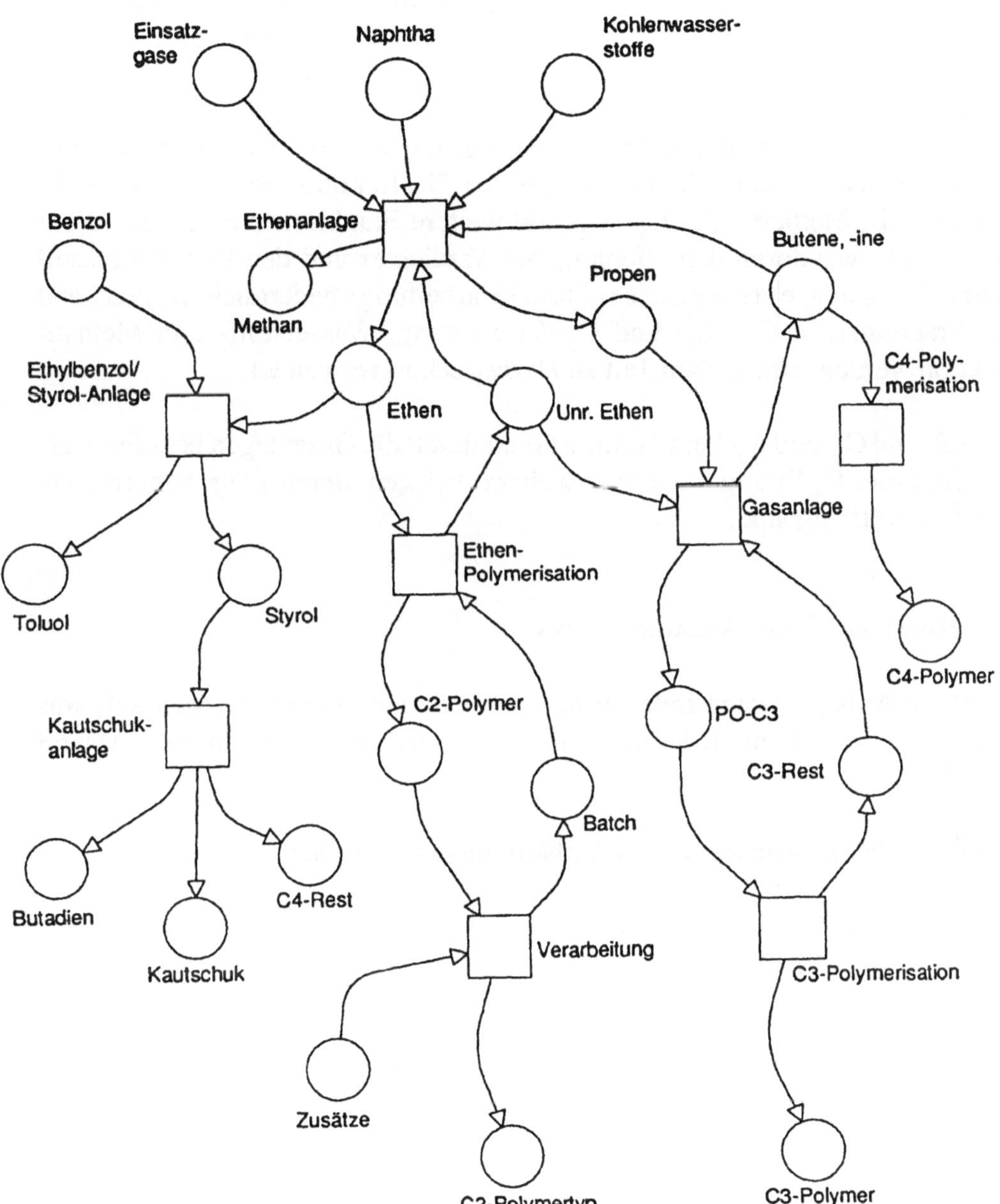

Abb. 67

In diesen Netzen wird versucht, einen gleichbleibenden Detaillierungsgrad einzuhalten. Ebenso soll das Kommunikationsnetz unter Ausnutzung der formalen Schaltregel überprüft und korrigiert werden.

Die Anlagensystematik soll noch kurz erläutert werden: Am Anfang der Produktion stehen die Gasanlagen, die aus der Gasfraktion einer Raffinerie die Wasserstoff-, Methan-, C_2-, C_3-, C_4- und weitere Franktionen erzeugen. Diese Aufspaltung wir durch den Ofenteil, den Verdichter und den Destillationsteil einer Ethylenanlage erreicht. Die weitere Verarbeitung gliedert sich entsprechend den Fraktionen in C_2-, C_3- und C_4-Verarbeitung. Wasserstoff- und Methan-Fraktion werden zum großen Teil zu Heizzwecken verwendet.

Während C_2- und C_3-Verarbeitung direkt durch die Gasanlagen beliefert werden, führt der C_4-Strang noch über weitere Anlagen, deren Zwischenprodukte bereits marktfähig sind.

4.3 Hinweise zu den Anlagennetzen

In den Anlagennetzen treten häufiger unerlaubte Konstruktionen auf, was darauf zurückzuführen ist, daß diese aus realen Entwicklungen stammen (Abb.68 bis 77).

In den Netzen werden folgende Abkürzungen verwandt:

KW Kohlenwasserstoffe,
TS Teilstrom,
C_n n-Kohlenwasserstoff.

Naphtha
Andere Einsätze
Ofenteil
Rohgas I
Unr. Ethen
Kühlen Waschen
Rückstandsöl
TC-Benzin
Verteiler
Rohgas II
Komprimieren
TC-Benzin
Rückführung
Rohgas III
Umlauf
Stripper
TC-Benzin
C4-Säule
Methan-Säule
C2-KW
C4-Gemisch
C1-Gemisch
C3/C4-Gemisch
C3-Säule
Ethan-säule
Methan verdichtet
Tiefküh-lung
Ethan/Ethen/ C1
Verdichter
Konverter
C3-Ge-misch
Ethan
Ethen-kolonne
Wasserstoff-fraktion
Methan-fraktion
Methan-säule II
Hydrierung
Methan
C2-KW hydriert
Ethen
Ethan/Ethen
Propen

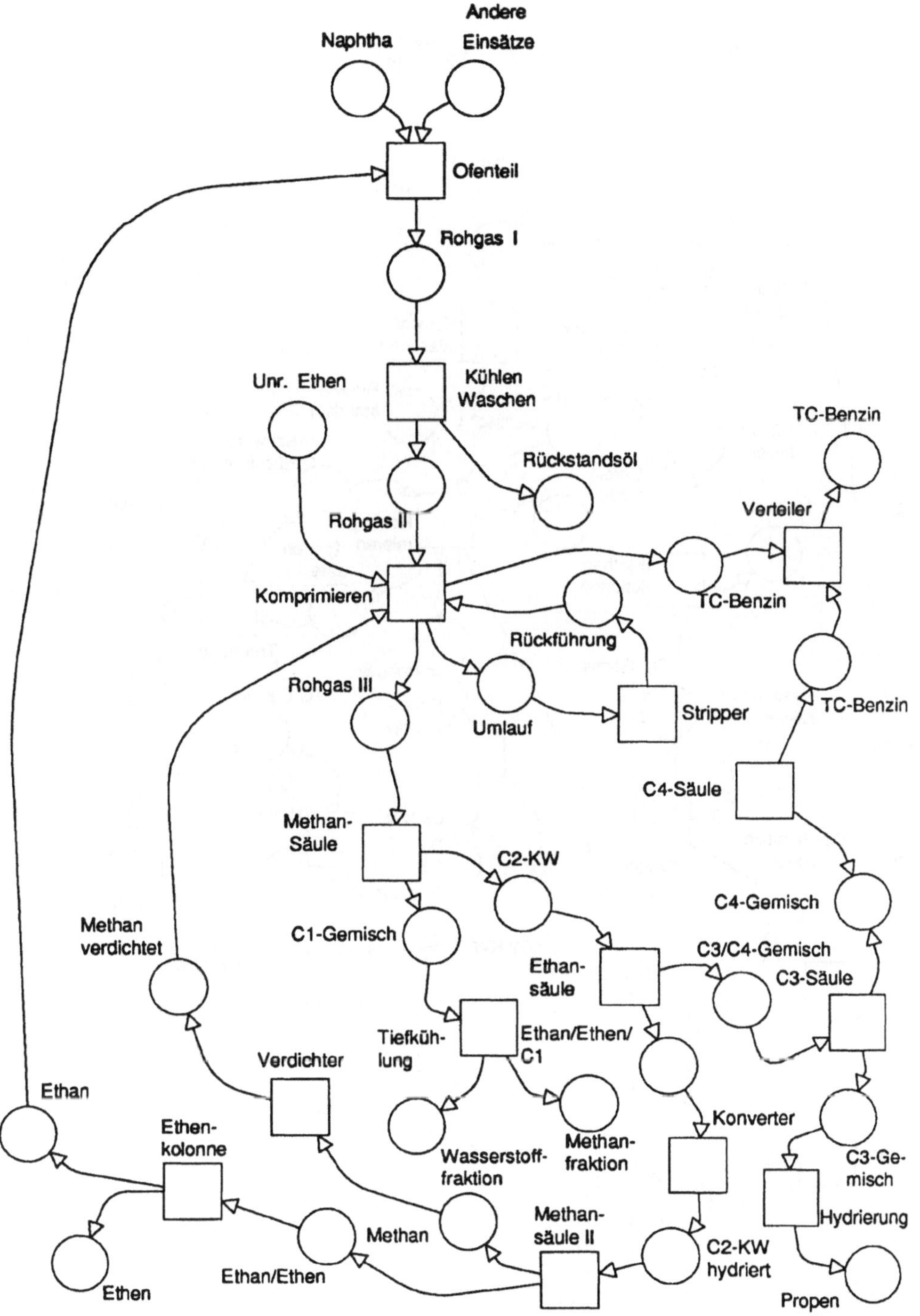

Abb.68

Naphtha
Andere Einsätze
Ofenteil
Ethan
Spaltgas
Rein Ethen
Ethenkolonne
Kühlen/Waschen
Rückstandsöl
C2-Gemisch
Gemisch I
Unrein Ethen
Schwere Rückführung
Wasser
Methan
Komprimieren
Kondensate
Methankolonne
TC-Benzin
Trennung
C2-Gemisch
Rohgas
Propan
Wasserstofffraktion
Ethankolonne
TC-Benzin
Verteiler
C2-Gemisch hydriert
C3-KW
C4-Kolonne
Propen
Tiefkühlung
C2-KW
C4-KW
TC-Benzin
C3-KW
Propankolonne
C4-Gemisch
Reaktor I
Propankolonne
Rückführung
C3-Fraktion
Stripper
Reaktor II
C3-Gemisch hydriert

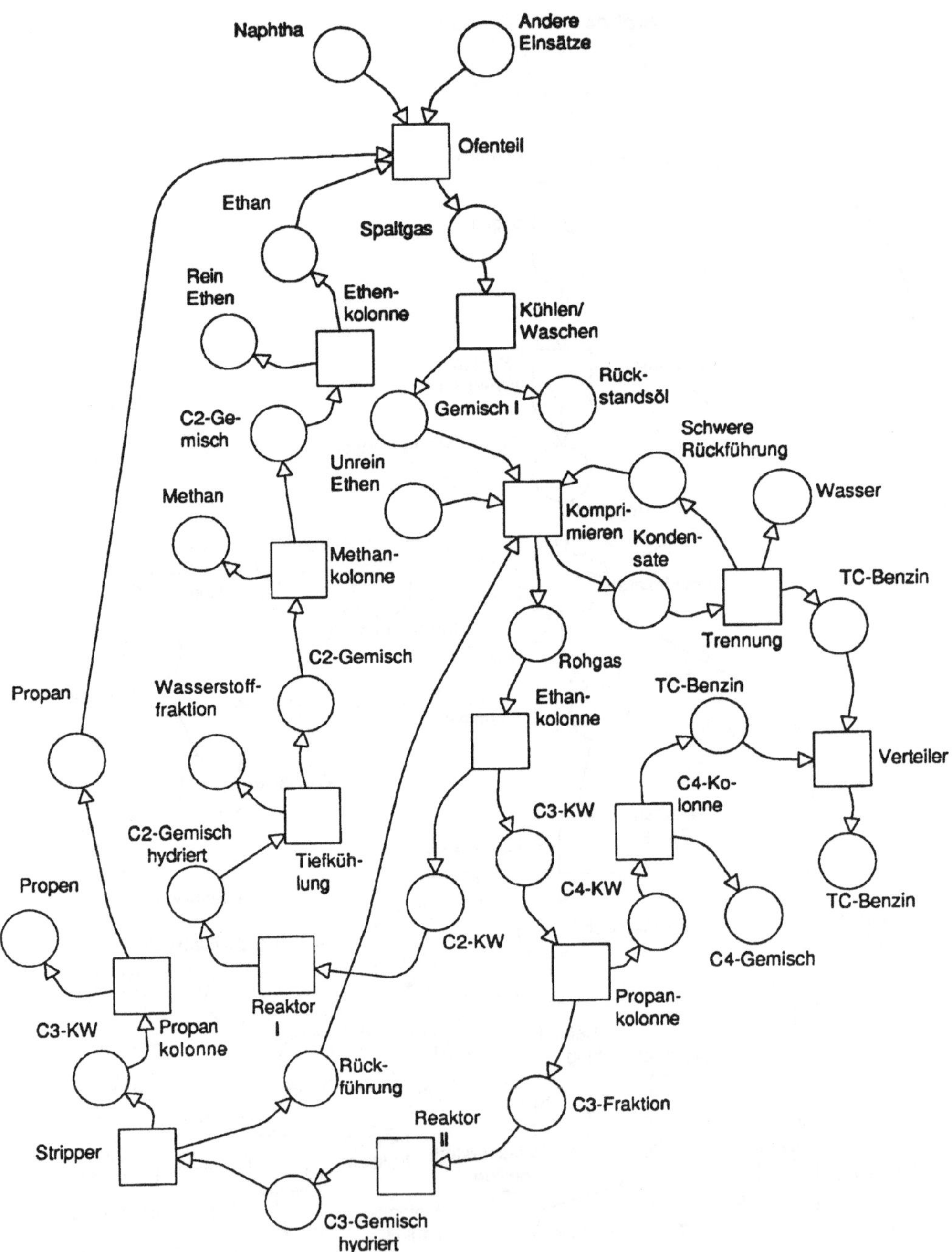

Abb.69

Benzol
Destillation
Benzol dest.
C2-Chlorid
Aluminium-chlorid
Reaktor
Wasser
Gemisch/Komplex
Komplex
Polyethyl-benzol
Trenn-behälter
Rohethyl benzol I
Polyethyl-benzol-Kol.
Hochsieder E
Al-chlorid
Waschen (sauer)
Poly-ethylbenzol/Hochsieder
Rückbenzol
Rohethyl benzol II
Na-Lauge
Ethylbenzol-Kolonne
Waschen (alkal.)
Lauge
Ethylbenzol/Hochsieder
Rohethyl-benzol III
Ethylbenzol
Benzol-trennung

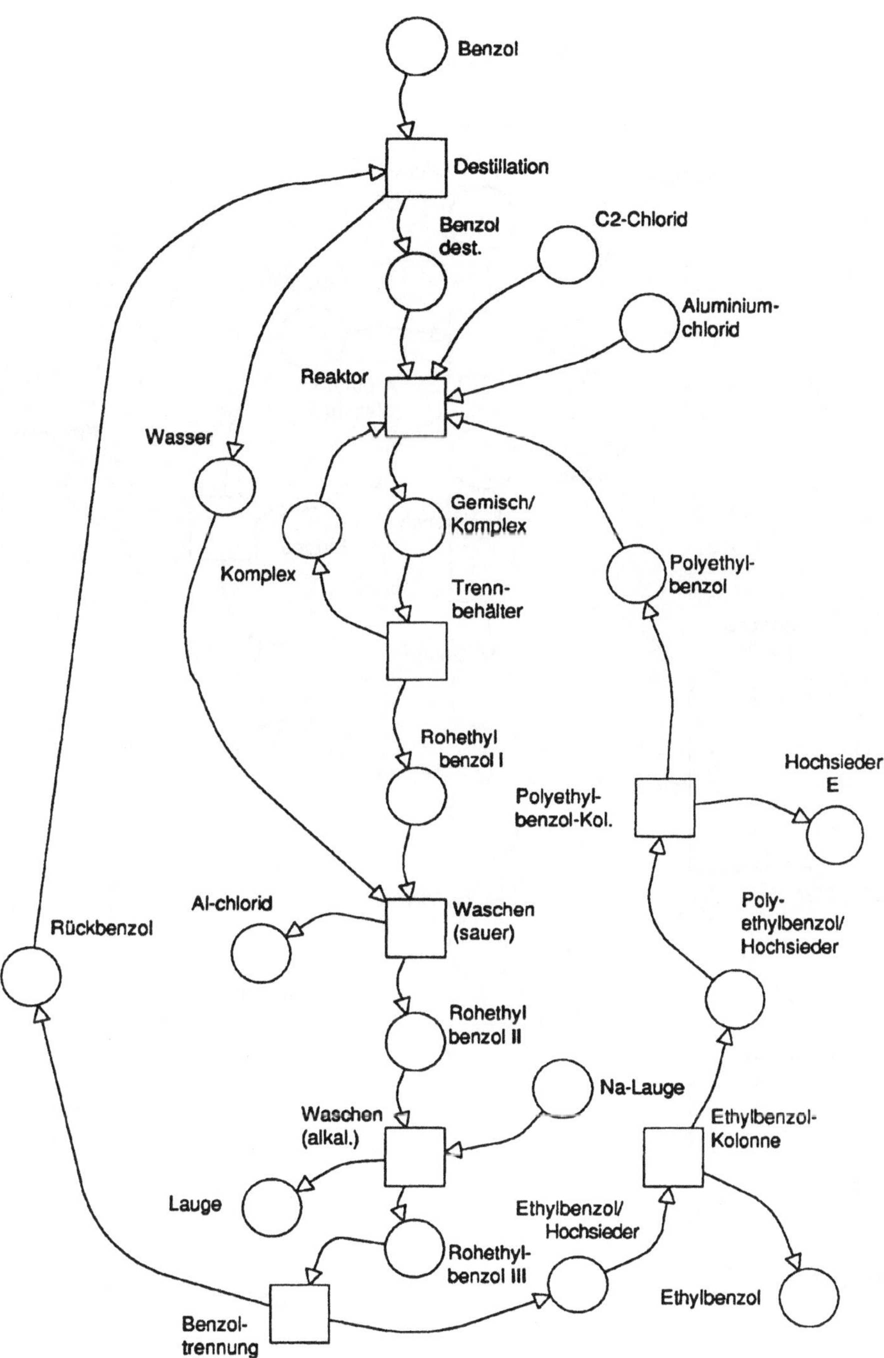

Abb. 70

Dehydrier-system
Heizgas
Ofenöl/Wasser
Aromaten
Kondensation
Aromaten/Wasser
Ethylbenzol
Aromatenphase
Kolonne I
Stripper
Benzol/Toluol
Sumpf I
Wasser
Kolonne V
Kolonne II
Sumpf V
Rohstyrol
Benzol
Kolonne VI
Sumpf III
Kolonne III
Kolonne IV
Ethylbenzol
Toluol
Styrol
Hochsieder S

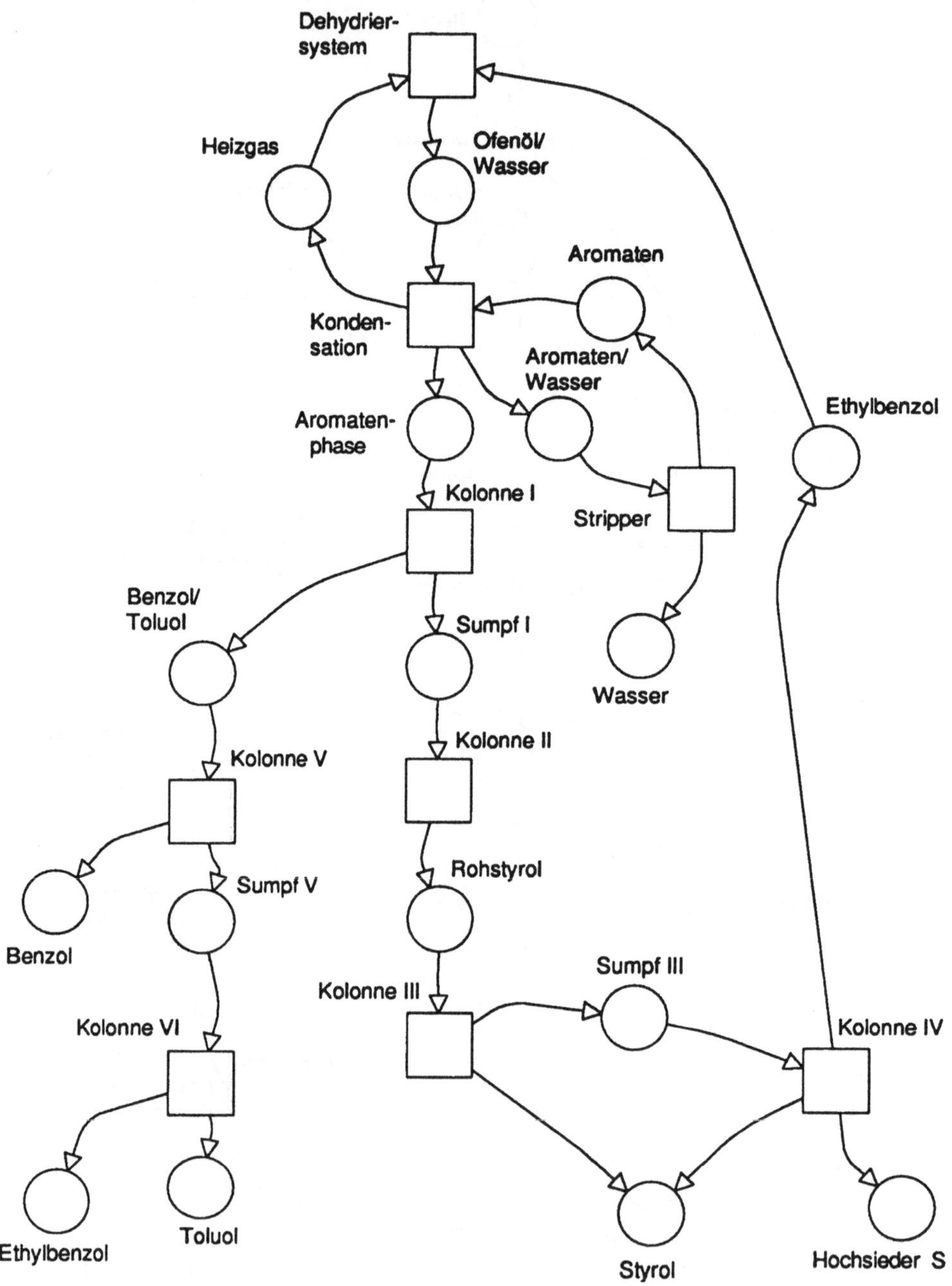

Abb. 71

C4-Gemisch
Destillation I
C3-Fraktion
C4-KW I
Destillation II
Propin
C4-KW II
Extraktionsdest.
Teilstrom 4
Butene
Teilstrom 3
Teilstrom 1
Zwischen-
ausgasung
Teilstrom 2
Ausgasung I
Teilstrom 5
Extraktions-
destillation II
Butadien-Gemisch
Teilstrom 7
Teilstrom 6
Destillation III
Ausgasung II
Alkine
Butadien 1.3
Butadien 1.2

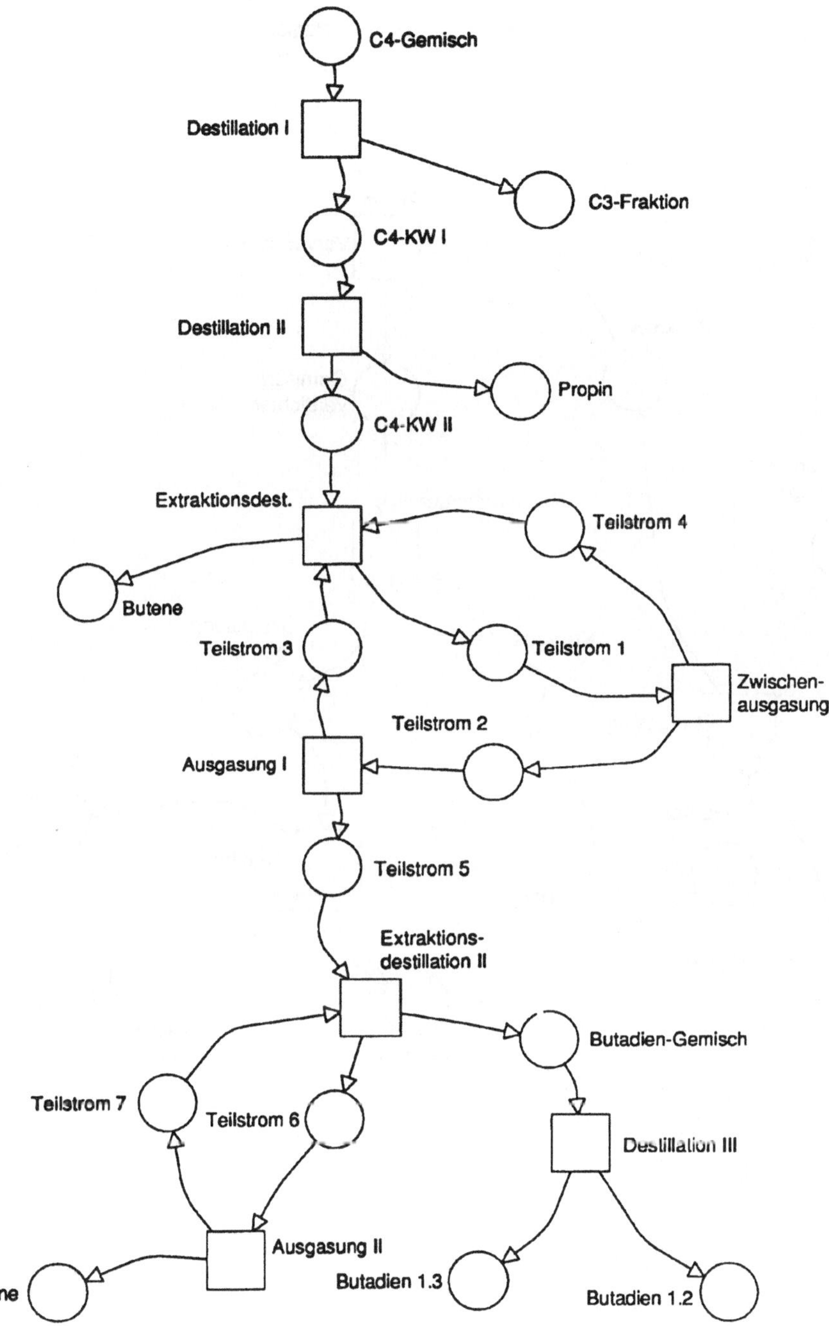

Abb.72

Ethen
Regler
Vorverdichter
Rückgas
Gemisch verdichtet
Abgas an Gasanlage
Nachverdichter
Kreisgas
Reaktions gemisch
Entgasung
Wärme
Gemisch II
Reaktor
Ent-spannung
Polyethylen
Gemisch
Druck-wasser
Wärme-tauscher
Zusätze
Extruder
Granulat

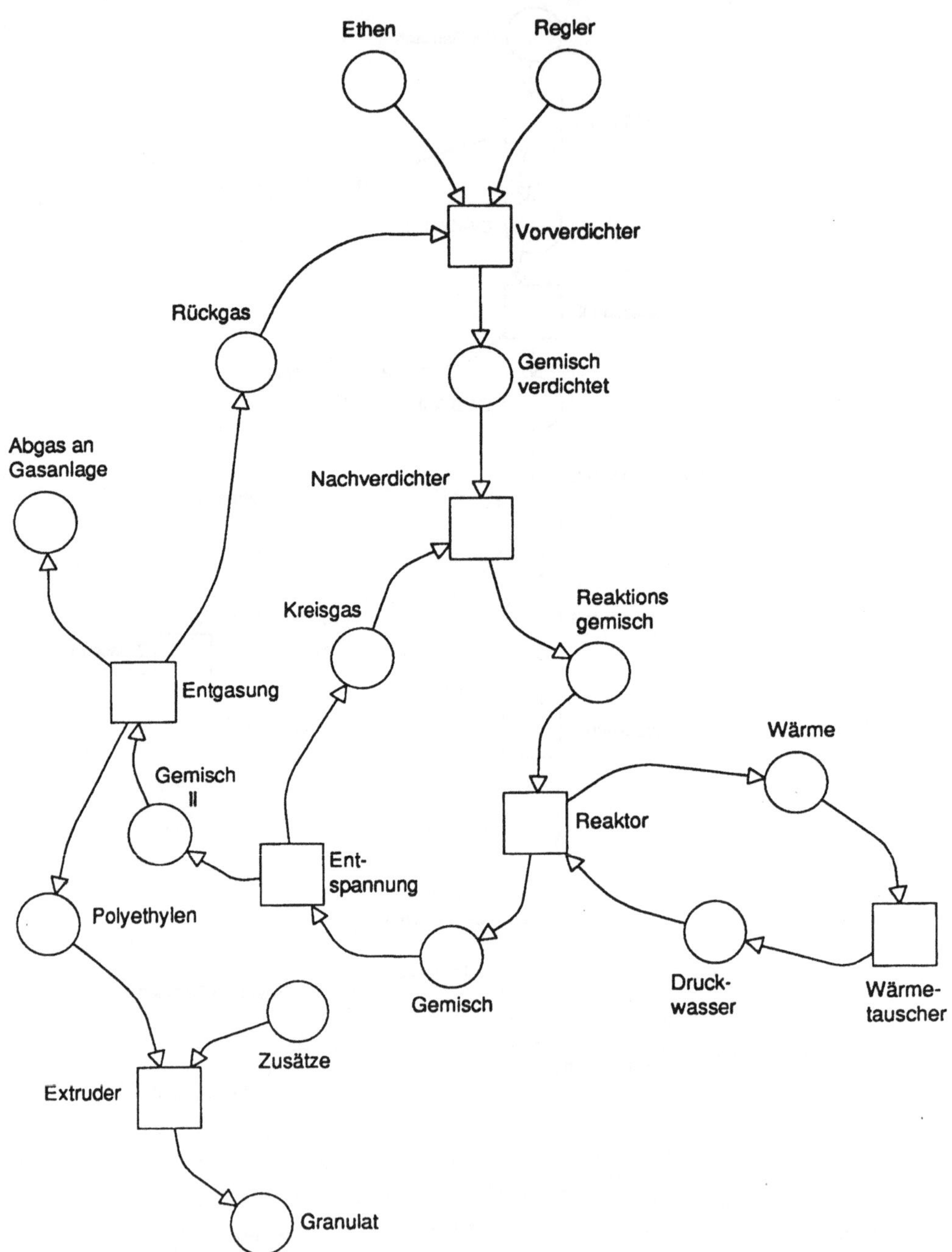

Abb.73

Ethen
Katalysator
Reaktor
Gemisch
Suspension
Trocknung
Polymerisat
Zusätze
Extruder
Granulat

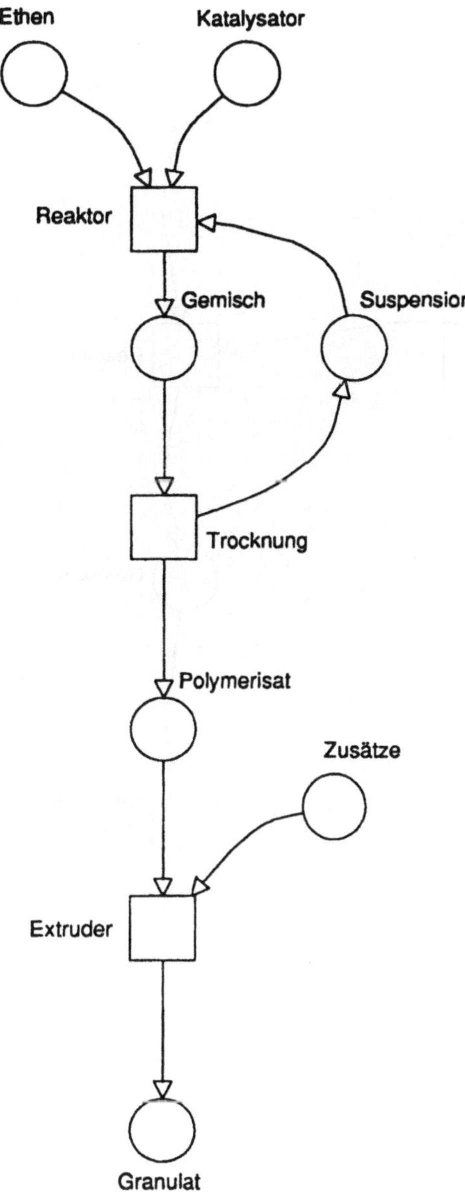

Abb. 74

Ethen
Katalysator
Reaktor
Gemisch
Entspannen
Entgasen
Unr. Ethen
Polymerisat

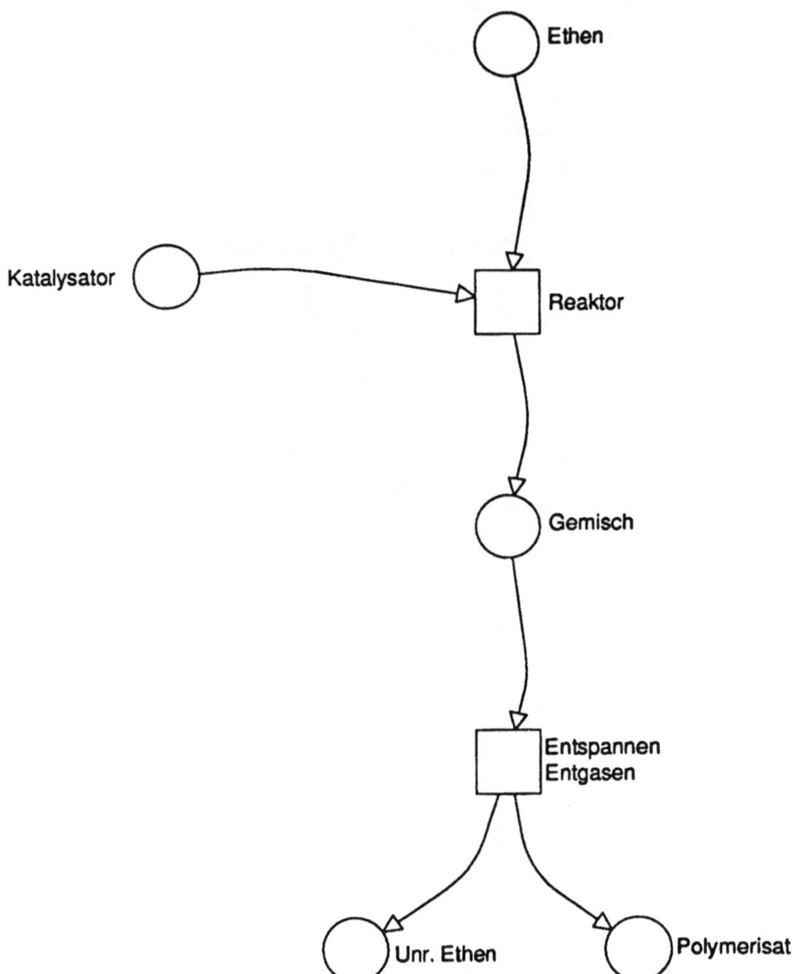

Abb. 75

Katalysator
Propen
Reaktor
Gemisch
Zyklon
Polypropylen
Rückpropen
Spülung
Restgas
Polymerisat
Verarbeitung
Bunker

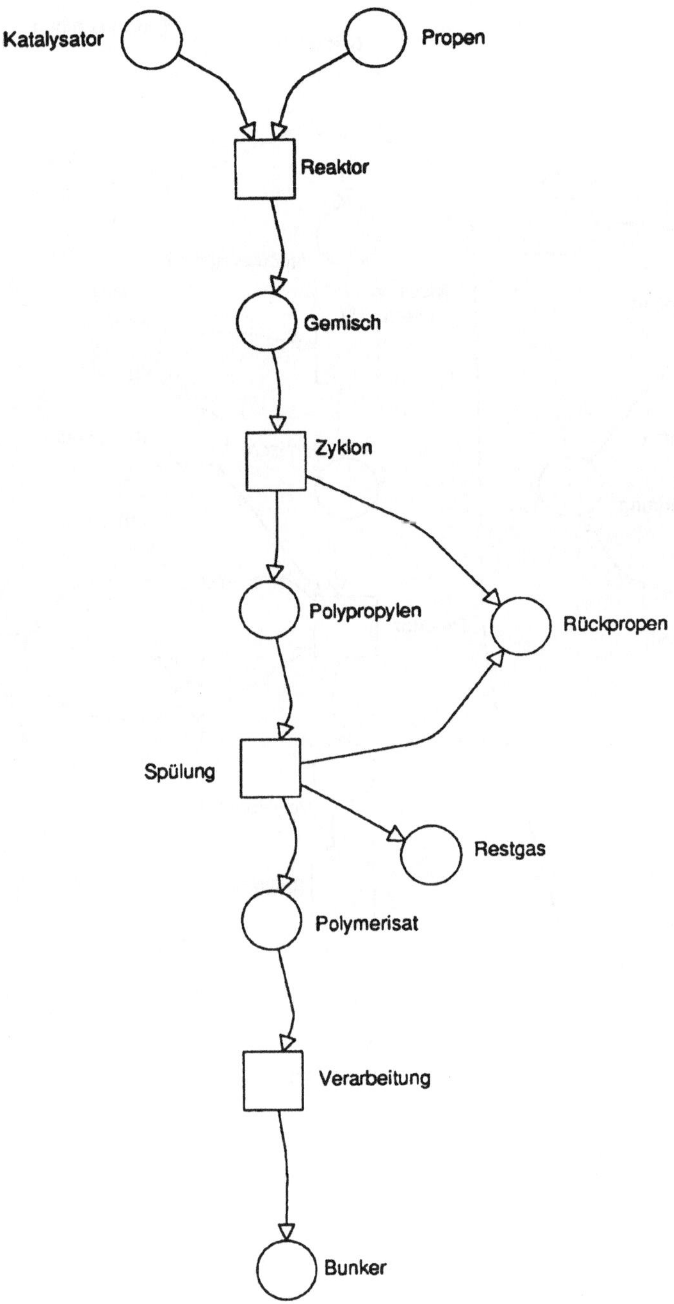

Abb. 76

Raffinat 1
Raffinat 2
Absorption
TBA/H2SO4
Rückführung
Destillation
TBA
Trennung
Wasser
Isobuten
Trocknung
Calciumchlorid
Wasser
Isobuten (getr.)
Mischen
Kühlen
KW
Gemisch
Katalysator
Reaktor
Ethen
heiß
Ethen
kalt
Wärme
tauscher
Propen
(kalt)
Polyisobuten
Propen(heiß)
Spülen
Polymerisat
Entspan-
nung

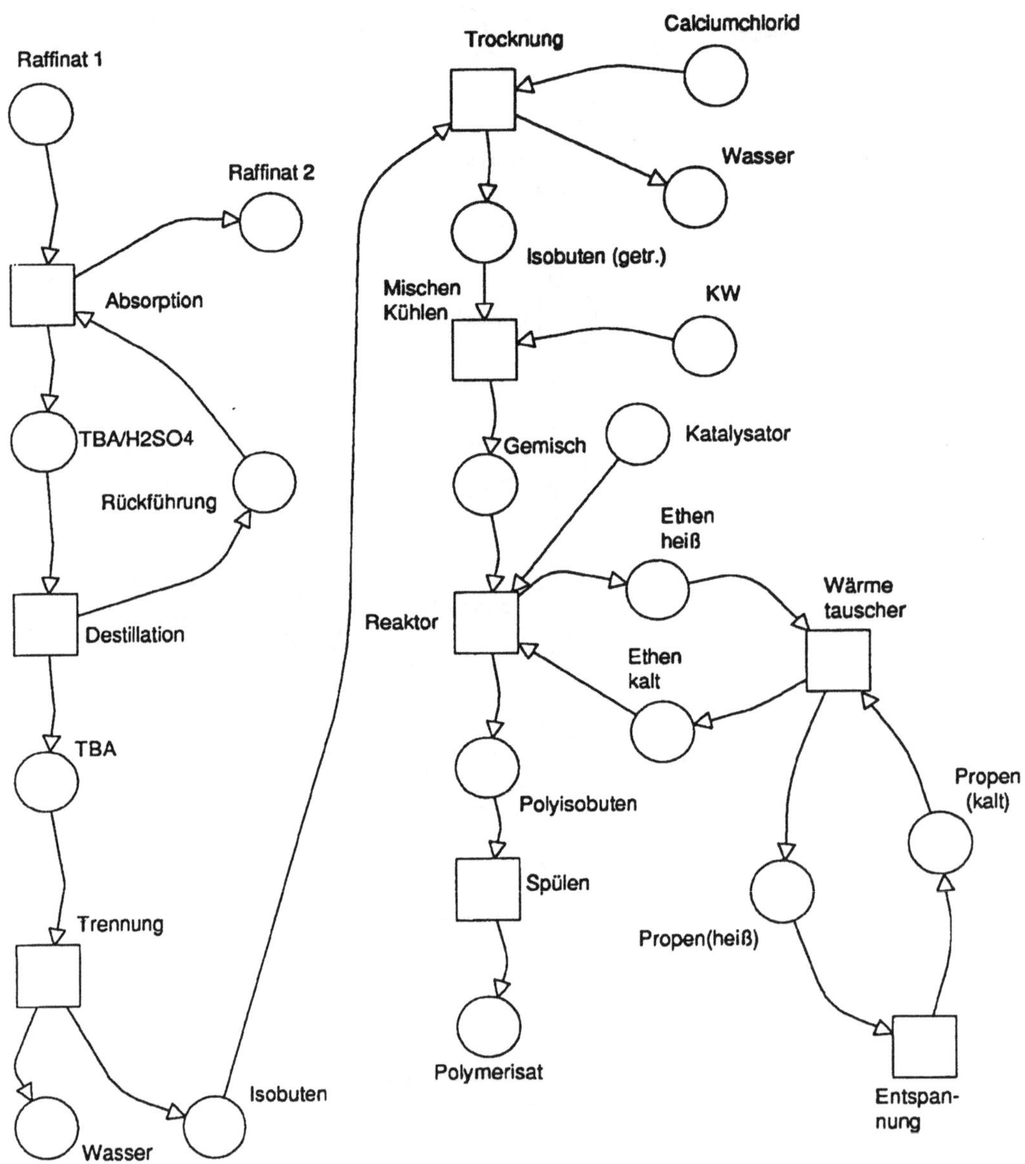

Abb. 77

Als größter Vorteil der Netze ist der weitgehend gleichbleibende, über die Schnittstellen bestimmte Detaillierungsgrad zu nennen, der die Gesamtmodell-Bildung erst ermöglicht. Die Schnittstellen-Elemente zwingen zur Beibehaltung eines Detaillierungsgrades, der so die gesamte Modellierung koordiniert. Den „richtigen" Grad zu finden, können Petri-Netze nicht leisten, die Analyse wird jedoch durch eine mechanische Bildungsvorschrift erleichtert. Dieser Vorteil kann nur dann genutzt werden, wenn konsequent auch alle Folgeelemente einer Ausgangssituation und deren relevante Vorgänger angeführt werden. Das führt bei einem geringen Abstraktionsgrad zu längeren Diskussionen mit den entsprechenden Fachstellen, die zu einem Weg ins Ungewisse führen können, da die Kontrolle durch das Kommunikationsnetz nicht immer möglich ist. Dagegen wirkt sich die Verwendung von Netzen nicht auf Überlappungen, Rückkopplungen und Parallelentwicklungen eines Projektes aus, deren verbale Beschreibungen die tatsächliche „Unsystematik" verschleiert. Hier liegt der wesentliche Unterschied zu dem ingenieurmäßigen Vorgehen, das in den Beispielen aus der Informatik zumeist angeführt wird:

In dieser Entwicklung ist die Problemfindung und -beschreibung dominant, in den anderen Fällen zumeist die Problemlösung. Die Anlagennetze werden ohne technische Erklärungen vorgestellt, da gezeigt werden soll, daß Netze die Informationen enthalten, die die Strukturierung eines Problemes erlauben, d. h., daß durch die Netzentwicklung Abhängigkeiten, Grenzen und Schnittstellen deutlich werden, die die gezielte Anwendung bekannter Lösungsmethoden ermöglichen.

5. Bildung des Gesamtnetzes

5.1 Verbindung der Einzelnetze

Die Einzelnetze zeigen bereits Mängel des Kommunikationsnetzes. So fehlen einige Anlagen vollständig in diesem Netz. Weiterhin zeigt sich, daß z. B. Synonyma wie Ethylen- und Gasanlage zu Fehleinschätzungen führen können. Derartige, begriffliche Unklarheiten treten häufiger auf, wie bereits an den Beispielen Sammelbegriff/Einzelbegriff und Prozeß/System demonstriert.

Die Verbindung der Einzelnetze ist deswegen nicht als Identifikation gleichbenannter Randelemente anzusehen, sondern schließt die inhaltliche Überprüfung mit ein. Spätestens in diesem Stadium müssen die Netze mit Hilfe der co-Relation auf Mehrfachelemente oder Ausschlußprozesse untersucht werden, da sonst die Gefahr besteht, daß Elemente in das Systemnetz übernommen werden, denen keine reale Systemkomponente entspricht. Diese Analyse orientiert sich an

- Reihenfolge (li-Relation),
- Nebenläufigkeit (co-Relation),
- Grundschemata.

Die Zusammenführung aller gleichbenannten Stellen der Einzelnetze würde zu Konflikten führen, die durch den realen Betrieb nicht belegbar sind. Als ausreichende Lösung dieser Situation werden Transitionen eingeführt, durch Winkel gekennzeichnet, denen keine der vorgegebenen Standardinterpretationen entspricht.

Das nicht abgebildete Gesamtnetz wurde nicht mehr beschriftet, sondern enthielt nur die Zahlen, die in den Elementen der Einzelnetze angegeben wurden. Darüber hinaus wurden weitere Berichtigungen durchgeführt, die zu Stellen und Transitionen führten, die keine Entsprechung in den Einzelnetzen besitzen. Die Numerierung wurde nach folgendem Muster aufgebaut: Die Hauptprozeß-richtung wird mit Eins beginnend durchnummeriert. Abzweiger bzw. Zubringer enthalten diese Zahl an den ersten Stellen, bekommen an den folgenden eine eigene, mit Eins beginnend. Zur Unterscheidung der Anlagen wurden ein oder zwei Buchstaben in die Anlagennetze eingetragen (Anfangsbuchstaben oder Organisationsbezeichnung). Das Gesamtnetz erreichte so einen Abstraktionsgrad, der Ansatzpunkt für andere Methoden sein kann.

Das Gesamtnetz sollte mit eindeutigen Benennungen und erläuterndem Klartext zur Verarbeitung mit anderen Programmen auf einen im Unternehmen leicht zugänglichen Rechner übernommen werden, um unterschiedlichen Benutzerkreisen den Zugang zu ermöglichen. Das zeichnerische Problem ist an dieser Stelle nicht unerheblich: Kann bei Einzelnetzen noch relativ gut Übersichtlichkeit und Struktur gewonnen werden, so setzt das Gesamtnetz hier durch seine Größe bereits Grenzen. Das beginnt damit, daß vom DIN A4-Format auf DIN A3-Format ausgewichen werden muß, oder das Netz nicht mehr auf einem Bildschirm sichtbar ist. Wird ein Zeichenbrett zu Hilfe genommen, so verliert die Technik leicht von ihrer Leichtigkeit. Die Anzahl der Überschneidungen beeinflußt zudem die Übersichtlichkeit. Die Anordnung vergröberter Einzelnetze entlang einer Hauptprozeßrichtung und die Berücksichtigung paralleler Verläufe kann eine Hilfe sein, wobei Magnettafeln und farbliche Markierungen eingesetzt werden können.

5.2 Vergröberung des Gesamtnetzes

Das mithilfe von *Design* vergröberte Geamtnetz enthält nur die Zu- und Abflüsse der Anlagen. Dieses Netz kann mit ausführlicher Beschriftung und um Anlagen ergänzt als ein neues Kommunikationsnetz in weiteren Entwicklungen dienen. Die Netze der Einzelanlagen sind dementsprechend als Verfeinerungen dieses Netzes anzusehen.

Normalerweise stehen Entwicklungsziele hinter einer derartigen Vergröberung, wie z. B. Aufbau einer Betriebsdatenerfassung, Sicherheitsanalysen etc. Damit soll unterstrichen werden, daß diese Vergröberung nur eine von vielen Möglichkeiten darstellt (Abb. 78).

Unter Voraussetzung eines nicht mit allen Disziplinen gleichermaßen vertrauten „Überentwicklers" und der oft notwendigen Koordination wird die Festlegung eines Kommunikationsnetzes, das die Schnittstellen zu den verfeinerten Einzelnetzen enthält, zu einer wesentlichen Aufgabe.

Napphtha
Andere Einsätze
Unrein Ethen
MG6
Rück-standsöl
Wasserstoff-fraktion
Ethen
Methan
TC-Benzin
C4-Gemisch
Propen
Benzol
C4-Gemisch
Ethylbenzolanl.
C3-Fraktion
Butadien anlage
Propin
Ethen
Butene
Butadien 1.2
Butadien 1.3
Hochsieder E
Ethylbenzol
Styrol-Anlage
Ethen
Nieder-druck
Hochsieder S
Styrol
Toluol
Ethylbenzol
Granulat
Unr. Ethen
Raffinat 1
Isobuten
Unr. Ethen
Andere Einsätze
Unr. Ethen
Naphtha
MG4
Rückstandsöl
C4-Gemisch
Methan-fraktion
TC-Benzin
Ethen
Propen
Wasserstoff-fraktion
Propen
Propen
C3-PM-Anlage
Polymerisat
Restgas
Rückpropen
Ethen
Ethen
Hoch-druck
Gasphase
Granulat
Unr. Ethen
Unr. Ethen
Polymerisat
Unr. Ethen
Raffinat 2
Iso-/Polyiso-butenanlagen
Unr. Auf-bereitung
Heizgas
Polymerisat
Ethen

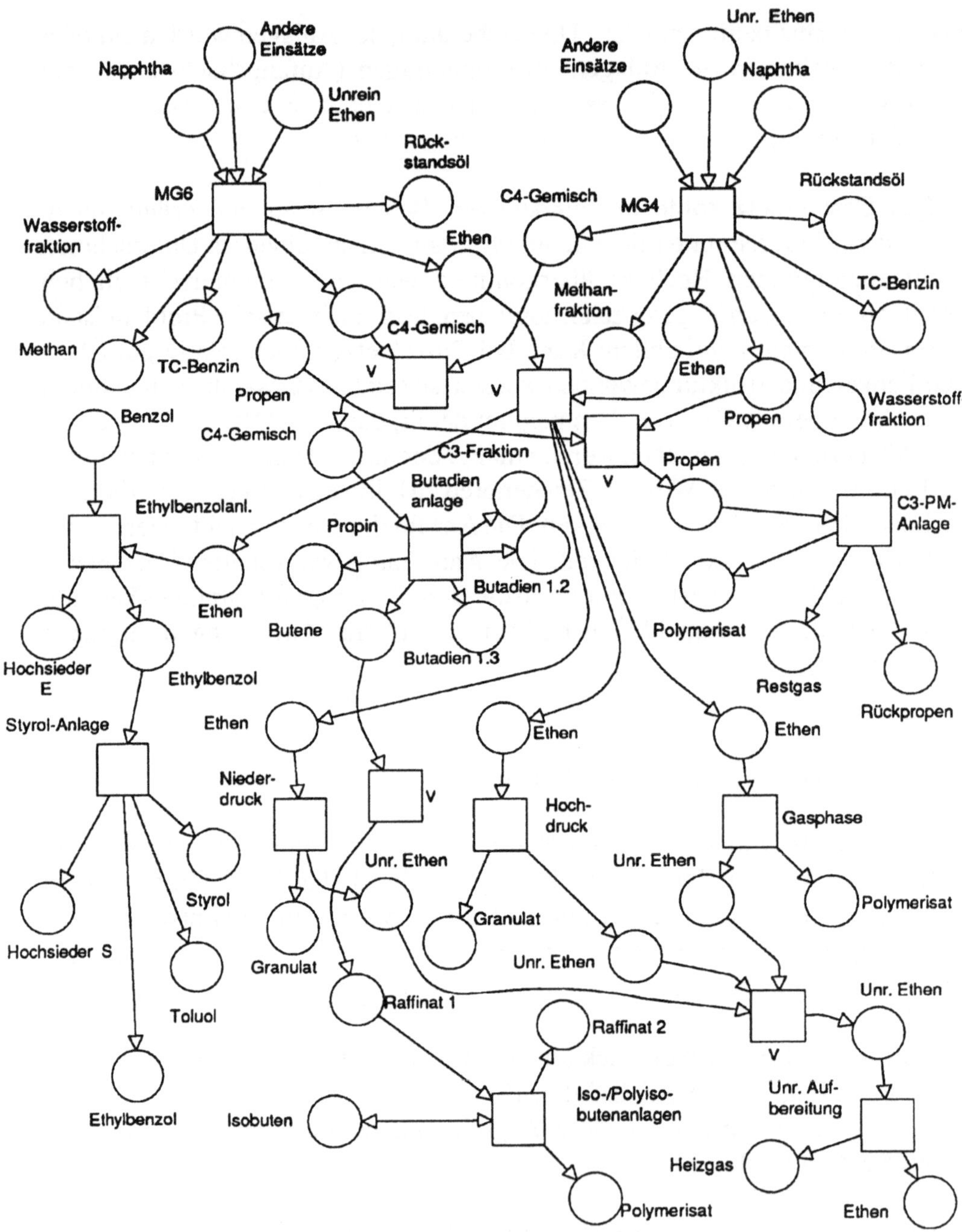

Abb. 78

6. VERBINDUNG VON PETRI-NETZEN MIT ANDEREN METHODEN

6.1 GRUNDSCHEMA DER INTERPRETATION

Der Verbindung von Petri-Netzen mit anderen Methoden liegt folgendes Grundschema zugrunde:

Graphische Darstellung   *Formale Darstellung*

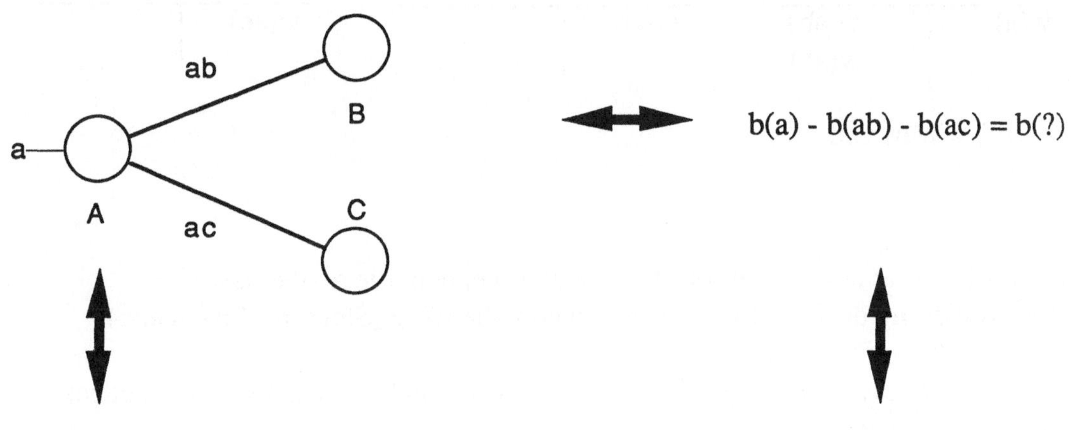

Netzdarstellung   *Matrizendarstellung*

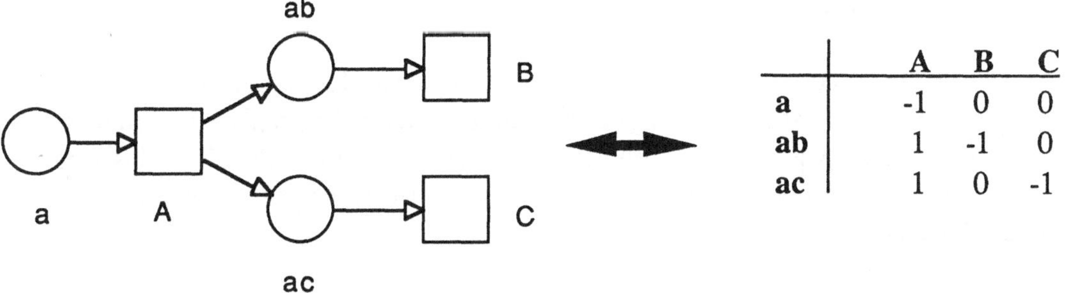

	A	B	C
a	-1	0	0
ab	1	-1	0
ac	1	0	-1

Dabei stellt „b" einen nicht näher beschriebenen linearen Operator dar.

Die folgenden Beispiele belegen die Verwendbarkeit von Petri-Netzen in unterschiedlichen Fragestellungen. Zusammen mit der exemplarischen Darstellung des Stoffflusses für den gesamten Anlagenkomplex zeigen sich Netze als übergreifendes Koordinationsinstrument.

6.2 BETRIEBSWIRTSCHAFTLICHE INTERPRETATION

Im betriebswirtschaftlichen Bereich ist die Kontendarstellung geläufig. Das Beispiel unter 6.1 könnten mit diesem Formalismus so aussehen:

Konto A*		Konto B		Konto C	
w(a)	w(ab)	w(ab)		w(ac)	
	w(ac)				

* w(.) $\triangleq$ Wert von

Die Linearität des Operators ist leicht zu erkennen, die mathematische Formulierung dürfte schwierig sein, wenn alle Fälle (Steuern, Zinsen etc.) abgedeckt werden sollen.

Die Interpretation zeigt, daß sehr unterschiedliche Formalismen abgedeckt werden müssen.

6.3 FLOWSHEETING

Zu Design-, Bilanz- und Optimierungsrechnungen werden im petrochemischen Bereich häufig Flowsheeting-Programme eingesetzt, die die graphische Eingabe mit den disziplinspezifischen Symbolen erlauben. Ein kleines Problem, das von diesen Programmen bewältigt werden muß, kann mit einer vorhandenen Netzdarstellung gelöst werden.

Bei der Berechnung von Flüssen zwischen Anlagenteilen mit Hilfe von Differentialgleichungen werden Rückflüsse iterativ ermittelt, da eine simultane Bestimmung nicht möglich ist. Das bedeutet, daß Kreise aufgeschnitten werden müssen, wobei das Problem besteht, diese Schnitte so zu legen, daß deren Anzahl optimal wird. Optimal ist dabei al minimal zu verstehen, doch kann bei ausschließlicher Verfolgung dieses Zieles der Rechenaufwand zur Lösung des Differentialgleichungssystems die Vorteile der Minimalität übersteigen, so daß Zusatzinformationen über die Optimallösung erwünscht sind. Zur Erläuterung wird ein Beispiel von R. G. Ketchum in die Netzdarstellung übertragen (Abb. 79):

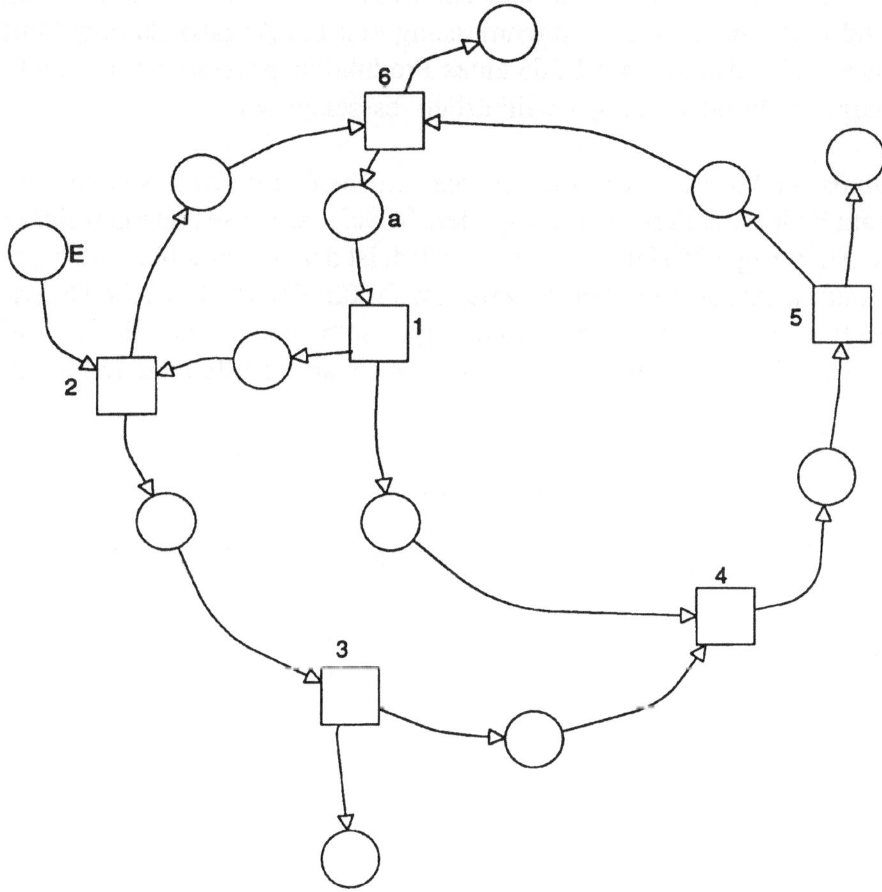

Abb. 79

Wird das Netz an der Stelle a aufgeschnitten, so können die Differentialgleichungen der Flüsse zwischen den Anlagenteilen, die durch die Transitionen repräsentiert werden, in der Reihenfolge der Numerierung ohne Berücksichtigung unbekannter Rückflüsse oder Zuflüsse berechnet werden. In diesem Falle ist die Stelle a mit der Stelle identisch, die markiert werden muß, um neben der Stelle E eine minimale, lebendige Ausgangsmarkierung zu realisieren.

6.4 Mengenbilanzierung bei kontinuierlicher Produktion

Das Problem der Mengenbilanzierung kontinuierlicher Produktion besteht darin, daß die Mengenströme während der Produktion häufig nicht genau meßbar sind und eine exakte Mengenmessung erst bei Abgabe durchgeführt werden kann, d. h., daß erst am Ende eines Produktionsprozesses eine Stückgröße, Charge, mehr oder weniger willkürlich festgelegt wird.

Der Impuls zur Abnahme der einer Charge zurechenbaren Zählerstände kann damit erst am Ende einer Produktion ausgehen. In welcher Weise und mit welcher Methode ein derartiges Verfahren realisiert wird, ist dabei unerheblich, d. h., es wird eine kausale Abfolge konstruiert, die sowohl für eine telefonische Durchsage als auch eine rein technische Einrichtung dieselbe ist. Auch in diesem Fall stellen sich Petri-Netze als disziplinneutrale Koordinationshilfen dar. (Abb. 80)

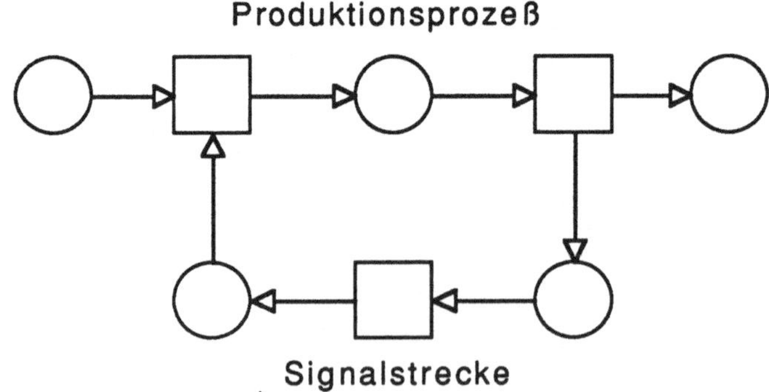

Abb. 80

6.5 Kombination von Netzen und Linearer Programmierung

Wird im vergröberten Gesamtnetz die Eingangsstelle zur Transition B nicht markiert, so ist der gesamte Systemteil tot. Die Verbindung zwischen Netz und einem LP-Modell kann durch ein „Status-Byte" realisiert werden, das jedem Koeffizienten zugewiesen wird und das über die Bezeichnung mit dem zugehörigen Netz gekoppelt ist. Die Elemente, deren Status-Byte gleich null ist, werden aus dem Modell entfernt, da sie in der entsprechenden Schaltfolge nicht markiert werden. Die Analyse einer Schaltfolge ermöglicht die Kontrolle über die Folgen der Herausnahme (Streichung) eines Modellteils, die z. B. durch Vernachlässigung von Verbindungen zwischen dem totgelegten Systemteil und anderen zu unerwünschten Deadlocks führen kann.

Aufgrund des prozessualen Charakters von LP-Modellen müssen zur Erhaltung der Richtung Einzelgleichungen für In- und Output desselben Stoffes (Energie) definiert werden, d. h., auch das LP-Modell muß in einer speziellen Art definiert werden.

AUFGABENLÖSUNGEN

LÖSUNG ZU AUFGABE 1:

Einer denkbaren Lösung entspricht die folgende Darstellung in Abb. L1:

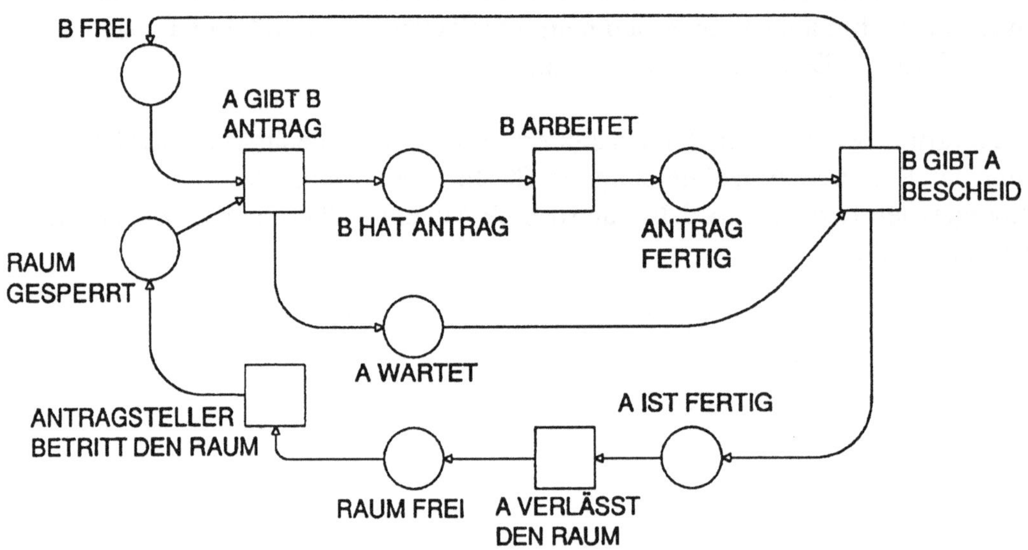

Abb. L1

LÖSUNG ZU AUFGABE 2:

Betrachten wir zunächst einmal das, was z. B. beim Aufruf eines Patienten für den H-Spezialisten in Gang gesetzt wird. Wir symbolisieren die Konsultationsbereitschaft (Freigabe des Behandlungszimmers) mit KH, den Patienten mit PH, die beteiligten Ärzte werden mit ihrem Kürzelbuchstaben notiert. Es besteht Konsultationsbereitschaft KH, PH wird aufgerufen, betritt das Behandlungszimmer des H, H beginnt die Anamnese, zieht dann B hinzu, und beide legen gemeinsam Diagnose und Therapie fest. Anschließend sind H und B für weitere Behandlungen frei, die Konsultationsbereitschaft KB ist hergestellt. In der graphischen Repräsentation der Petri-Netze ergibt diese Kausalstruktur folgendes Bild (Abb. L2):

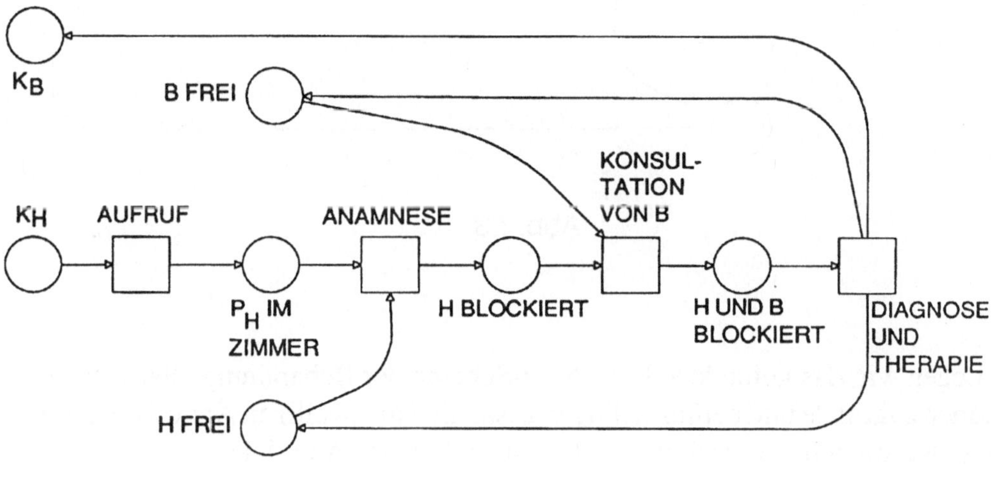

Abb. L2

Zur raumsparenden graphischen Darstellung werden die Quadrate häufig auch durch "Querstriche" ersetzt. Das ergäbe für Abb. L2 die folgende Gestalt (Abb. L3). In unserem Text wird im weiteren jedoch die Variante der Ereignis-Quadrate verwendet.

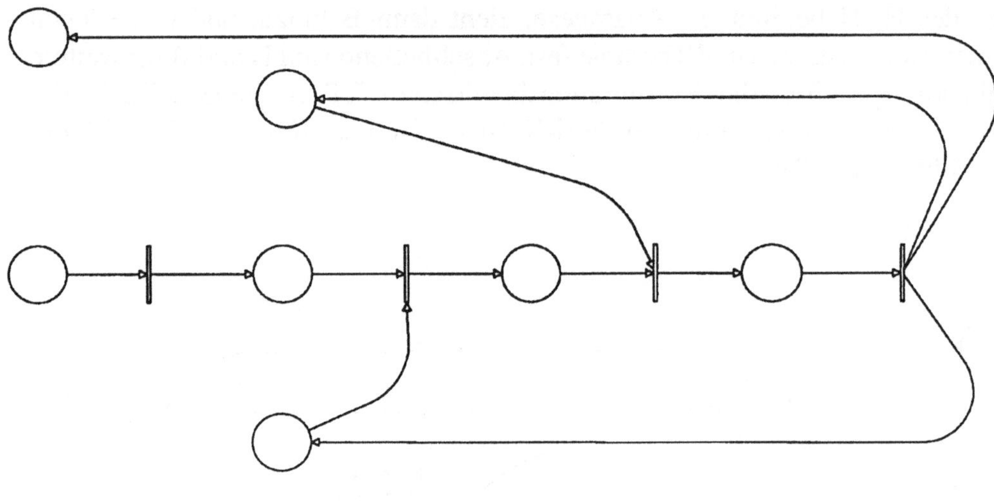

Abb. L3

Legen wir das gefundene Petri-Netz-Schema der Behandlung aller Konsultationen zugrunde und berücksichtigen zusätzlich die jweiligen Ärzte-Unterstützungs-Relationen, so erhalten wir das folgende Bild (Abb. L4).

Das entstandene Petri-Netz repräsentiert eine strukturelle Verbundenheit aller denkbaren Konsultationen der einzelnen Ärzte. Es gibt allerdings noch keine Antwort auf die gestellte Frage nach möglichen blockadefreien Ablaufsequenzen der einzelnen Konsultationen. Auf diese Frage werden wir noch zurückkommen.

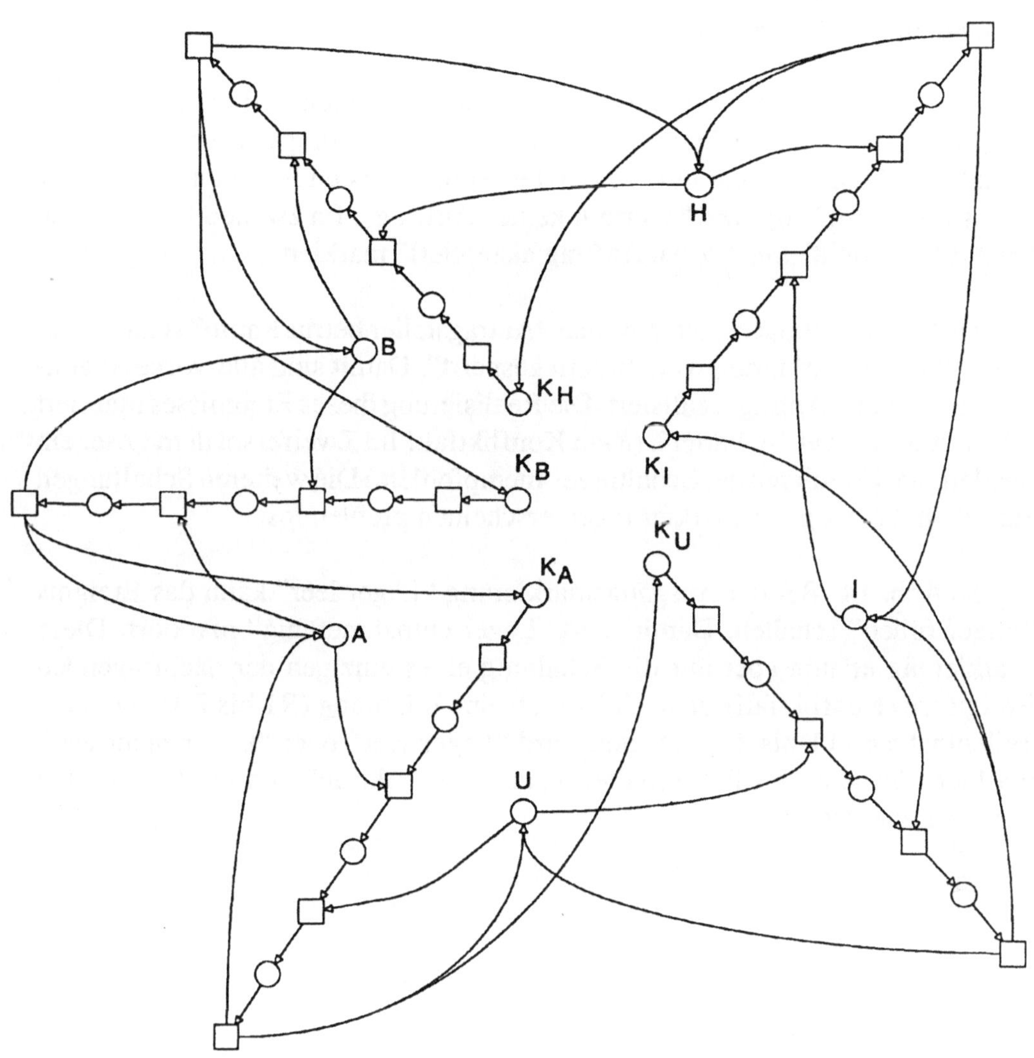

Abb. L4

LÖSUNG ZU AUFGABE 3:

(Zu Abb. 12) Die Markierung "K entscheidungsbereit" erfordert eine Entscheidung, ob "keine Auftragsentscheidung" *oder* "Auftragsentscheidung" (da auch "V lieferbereit" markiert ist) schalten soll. Im ersten Fall ist die Folge: "K erhält keinen Auftrag" *und* "V erteilt keinen Auftrag". Im zweiten Fall wird "K hat Auftrag erteilt" *und* "V hat Auftrag akzeptiert" markiert.

(Zu Abb. 13) Zunächst ist lediglich "Antragsteller betritt Raum" schaltfähig. Dies führt zur Markierung von "Raum gesperrt". Damit sind alle Vorbedingungen für "A gibt B Antrag" realisiert. Die Realisierung dieses Ereignisses markiert "B hat Antrag" *und* "A wartet". (*Kein* Konfliktfall! Im Zweifel sei dem Leser ein wiederholtes Studieren der Schaltregel anempfohlen.) Die weiteren Schaltungen zurück in die Ausgangsmarkierungen erscheinen problemlos.

(Zu Abb. 14) Bei der Ausgangsmarkierung "Lager leer" kann das Ereignis "Lager füllen" schalten. Damit wird "Lager entnahmefähig" markiert. Diese Markierung erlaubt aber nur die Schaltung eines einzigen der nachfolgenden Ereignisse (Konfliktfall). Je nachdem, ob eine Räumung (R1 bis R3) oder eine Teilentnahme (T1 bis T3) schaltet, wird "Lager leer" oder "Lager nicht leer" markiert. Im letzteren Fall schaltet dann "keine Aktion" und markiert erneut "Lager entnahmefähig".

LÖSUNG ZU AUFGABE 4:

Eine denkbare Lösung der Aufgabe 4 ist in Abb. L5 angegeben:

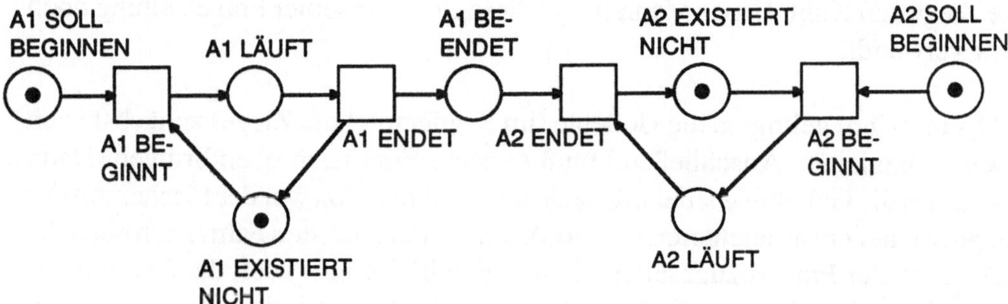

Abb. L5

LÖSUNG ZU AUFGABE 5:

Unser Mann erinnert sich in seiner Not seiner Kindertage, speziell der Rätselfrage: Wie schafft es ein Fischer, mit einem Boot einen Wolf, eine Ziege und einen Sack voller Kohl über den Fluß zu setzen, wenn er jeweils nur eines der Güter transportieren kann. Die Gefahr besteht, daß der Wolf die Ziege frißt und die Ziege den Kohl. Unser Mann findet diese Struktur seiner Fragestellung doch sehr verwandt.

Es muß ihm gelingen, die Geliebte (im Kinderspiel die Ziege) zunächst nach oben zu begleiten. Anschließend muß er seine Frau nach oben bringen. Dann allerdings die Geliebte wieder mit nach unten nehmen (da war der Fischer mit der Ziege in einer etwas leichteren Position), um bei der nächsten Fahrt nach oben die Sekretärin der Frau zuzugesellen. Schließlich bleibt ihm noch die Geliebte als letzte abzuholen. Ob nun die Sekretärin oder die Frau mit dem Wolf bzw. dem Kohl des Kinderspiels gleichgesetzt werden, ist für die Lösung letztlich belanglos. Auch die Frage, wie es dem Mann gelingt, die Geliebte zu zwei weiteren Fahrstuhlfahrten zu bewegen, mag ausgeklammert bleiben. Gehen wir davon aus, daß er genügend Phantasie entwickelt.

Als Petri-Netz ergeben sich für das Kinderspiel und das "Galanen-Dilemma" identische Strukturen (vgl. Abb. L6). Die Pfeile verweisen auf die Bewegungsrichtung der Fahrstuhlfahrt der jeweiligen Person. Vor einem aber ist zu warnen: Nicht in jeder Affäre fangen Petri-Netze strauchelnde Galane wieder auf. Die Ausgangsmarkierung in Abb. L6 hilft unserem Manne zunächst einmal nur bis zur Bar. Der Leser prüfe diese Behauptung durch Anwendung der Schaltregel bitte nach!

G an Bar
E an Bar
S an Bar
G steigt aus
E steigt aus
S steigt aus
G oben
E oben
S oben
Fahrstuhl frei für E
Fahrstuhl frei für S
Fahrstuhl frei für G
G hoch
E hoch
S hoch
G im Party- raum
E im Party- raum
S im Party- raum

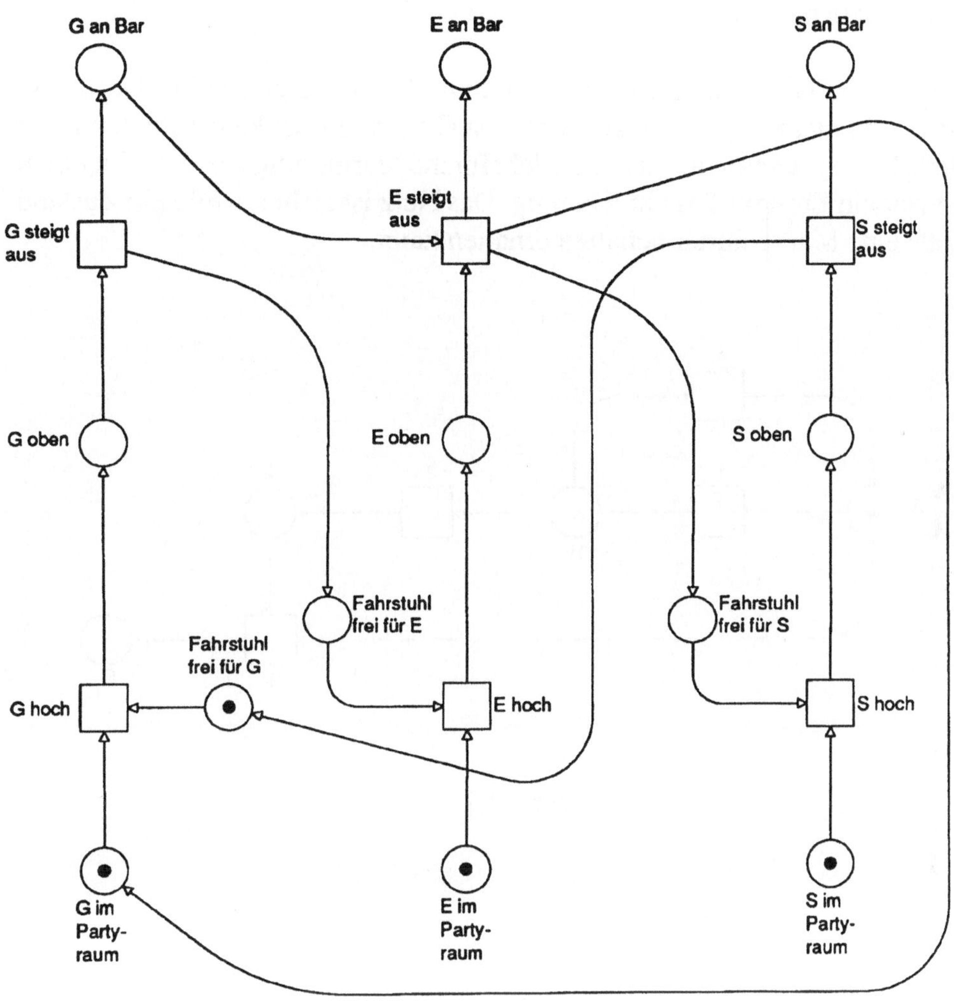

Abb. L6

LÖSUNG ZU AUFGABE 6:

Das Netz in Abb. L7 enthält in Zustand C hinsichtlich Ereignis 3 einen Deadlock: A und C sind nicht simultan markierbar, ist C markiert, ist kein Schalten mehr möglich. Das System steht. Das trifft nicht für die Markierung von A zu. Zugleich ist das Netz in Ereignis 3 nicht lebendig. Das Netz ist sicher, weil kein Zustand mehr als eine Marke durch Schalten erhalten kann.

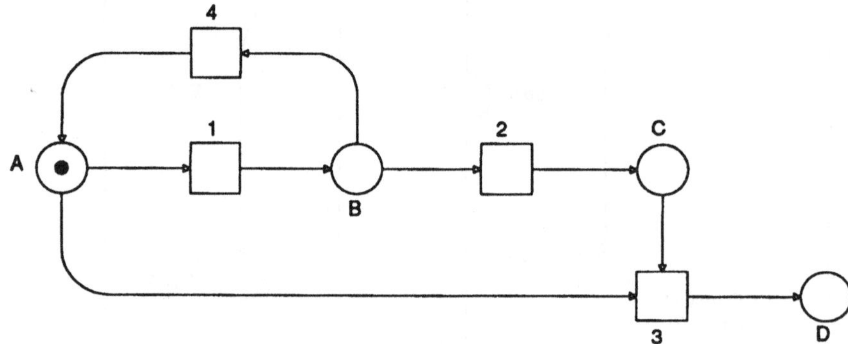

Abb. L7

LÖSUNG ZU AUFGABE 7:

Vorgegebene co-Struktur:

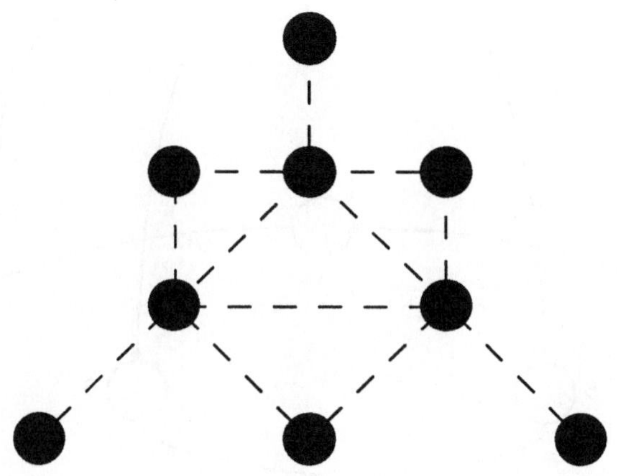

Abb. L8

a)   *System*

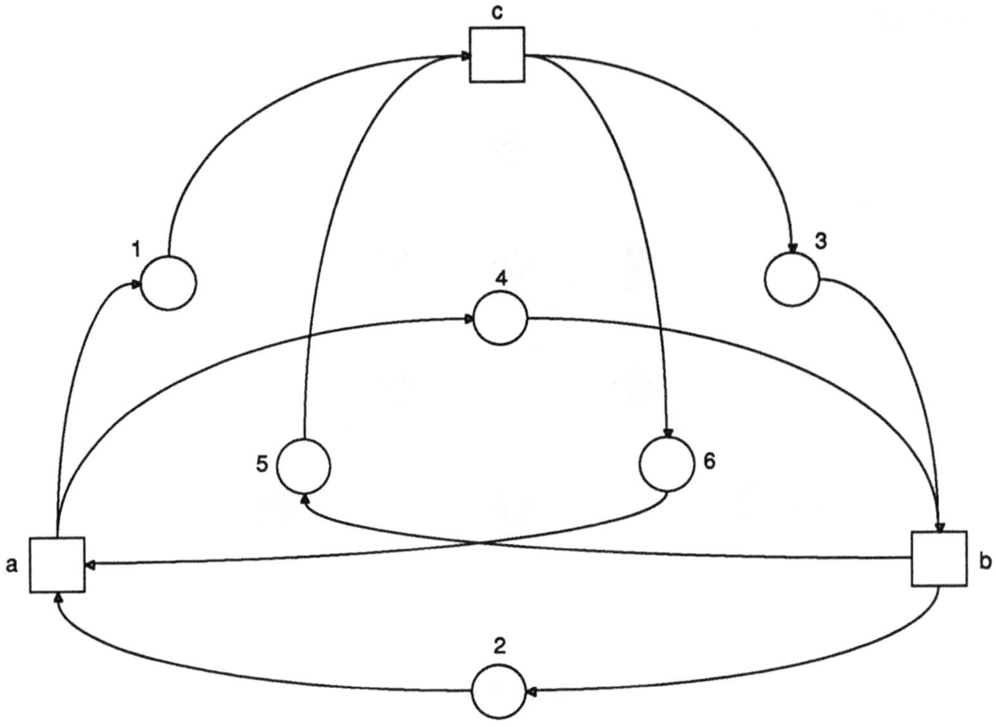

Abb. L9

b)   *Interpretation als Schachspiel*

Die Schaltfolge (die Zahlen geben die markierten Stellen an; ein Klammerausdruck entspricht einer Markierung)

       (1 4 5)   Ausgangsmarkierung
       (3 4 6)
       (2 5 6)
       (1 4 5)

zeigt das unerwünschte Verhalten des Systems. Werden verschiedene Marken benutzt, so ist festzustellen, daß beim zweiten Mal eine andere Marke auf Stelle 4 liegt als bei der Ausgangsmarkierung. Der Versuch, ein dem Prozeßnetz des Schachspiels analoges Netz zu zeichnen, zeigt, daß das System nicht, wie auf den ersten Blick anzunehmen, eine weitere Darstellung der Bedingungen und Ereignisse einer Partie Schach ist:

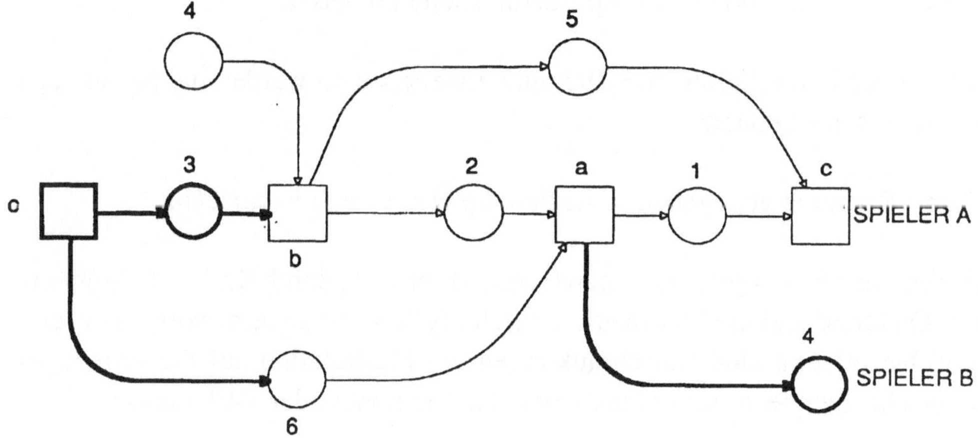

Abb. L10

An diesem Schaubild wird der Unterschied zwischen dem im Text konstruierten System und dem hier entwickelten deutlich: Spieler A und Spieler B sind nicht mehr unterscheidbar. Mit diesem Modell wäre das Schachspiel also nicht abgebildet, da die beiden Spieler als Träger der Aktivitäten quasi auf eine einzige reale Systemkomponente zusammengezogen werden.

GLOSSAR DER NETZBEGRIFFE

Ein *Petri-Netz* ist ein Tripel, das aus den beiden nichtleeren Mengen der S- und T-Elemente und der *Flußrelation* F besteht, die die beiden Mengen so verbindet, daß alle Elemente erfaßt werden, aber kein Element aus S mit einem anderen aus S in Relation steht und ebenso für die die Elemente aus T.

Wird mit der Flußrelation eine Richtung angegeben so werden die Netze auch *gerichtete* Netze genannt.

Ist keine Richtung angegeben so heißen die Netze auch *ungerichtet*.

In der graphischen Repräsentation werden S-Elemente durch Kreise, T-Elemente durch Quadrate und die Flußrelation durch Pfeile symbolisiert. Vorgänger- und Nachfolgerrelation sind Einschränkungen der Flußrelation auf die Vorgänger bzw. Nachfolger bestimmter (auch eines) S-Elemente oder T-Elemente.

Das *duale Netz* entsteht aus dem ursprünglichen Netz durch Vertauschen der S-Elemente mit den T-Elementen.

Das *Umkehrnetz* entsteht durch Richtungsänderung der F-Relation aus dem ursprünglichen Netz.

Folgt aus der Tatsache, daß Vorgänger und Nachfolger eines Elementes (S- oder T-Element) identisch denen eines anderen Elementes sind, daß die Elemente gleich sind, so nennt man das Netz *einfach*, wenn die Bedingung für alle S- und T-Elemente gilt.

Eine *Nebenbedingung* ist ein S-Element, das sowohl Eingangs- als auch Ausgangsstelle eines T-Elementes ist.

Ein Netz, das keine Nebenbedingungen enthält, heißt *rein*.

Haben alle T-Elemente nicht mehr als einen direkten Vorgänger und einen direkten Nachfolger, dann wird das Netz auch *Zustandsmaschine* genannt. In der graphischen Repräsentation werden die T-Elemente oft durch die Pfeile symbolisiert.

Haben alle S-Elemente nicht mehr als einen direkten Vorgänger und einen direkten Nachfolger, dann wird das Netz auch *Synchronisationsgraph* oder „Markiertes Netz" genannt. In der graphischen Repräsentation werden die S-Elemente oft durch die Pfeile symbolisiert.

Die *Schaltregel*, Aktivierung oder Firing-Rule ist die formale Definition des Überganges von einem Systemzustand zu einem anderen.

Eine *Markierung* gibt die realisierten oder aktiven S-Elemente eines Netzes an.

Ein T-Element wird *schaltbar* genannt, wenn die direkten Vorgänger markiert sind und die direkten Nachfolger unmarkiert.

Lebendig wird ein Netz genannt, in dem unter einer gegebenen Anfangsmarkierung jede Stelle mindestens einmal schalten kann.

Ein Netz besitzt ein *Deadlock*, wenn durch endlich viele Schaltungen eine Situation erreicht werden kann, in der kein T-Element mehr schalten kann.

In einem *Kausalnetz* haben S-Elemente höchstens einen Vorgänger und höchstens einen Nachfolger. Weiterhin tritt kein Nachfolger eines Elementes als dessen Vorgänger auf (*Kreisfreiheit*).

Für Kausalnetze kann die Flußrelation so verschärft werden, daß für alle Elemente gesagt werden kann, ob sie Nachfolger oder Vorgänger eines anderen Elementes sind oder nicht. Diese Relation wird *li-Relation* genannt.

Die *co-Relation* gibt für diese Netze an, welche Elemente parallel auftreten können.

Eine Maximalmenge von S-Elementen eines Kausalnetzes, die in co-Relation stehen, wird *Scheibe* genannt.

Eine Maximalmenge von T-Elementen eines Kausalnetzes, die in co-Relation stehen, wird *Fall* genannt.

Ein *Bedingungs-/Ereignissystem (B/E-Systeme)* ist ein einfaches Netz mit einer Fall-Klasse, deren Elemente in der graphischen Repräsentation durch Marken symbolisiert werden. Alle Ereignisse gehören zu mindestens einem Fall, können also mindestens einmal schalten.

Ein Fall ist *kontaktfrei*, wenn für alle seine Ereignisse die Eingangsbedingungen markiert und die Ausgangsmarkierungen unmarkiert sind.

Ein B/E-System ist kontaktfrei, wenn alle Fälle kontaktfrei sind.

Ein B/E-System ist *konfliktfrei*, wenn keine Stelle mehr als eine Eingangs- und mehr als eine Ausgangstransition besitzt.

Verflochtene Konflikte werden als *Konfusion* bezeichnet.

Ein B/E-System wird *sicher* bezüglich einer Anfangsmarkierung (Fall-Klasse) genannt, wenn durch keine zulässige Anwendung der Schaltregel eine Stelle mit mehr als einer Marke belegt werden kann.
Ein Prozeß eines B/E-Systemes kann grob und etwas ungenau als die Übertragung eines Kausalnetzes in Form von Markierungen in ein B/E-System angesprochen werden.

Ein *zyklischer Prozeß* enthält mindestens ein Element, das beliebig oft durch eine Markierungsfolge erreicht werden kann.

Ein zyklischer Prozeß, der keinen zyklischen Teilprozeßenthält, heißt *Reproduktionsprozeß*.

S-Invarianten geben Mengen von S-Elementen an, deren Markenzahl durch das Schalten der zugehörigen Ereignisse nicht verändert wird.

T-Invarianten geben an, wie oft Ereignisse schalten müssen, um eine Anfangs-markierung zu reproduzieren.

Der *Synchronieabstand* ist ein Maß für die Abhängigkeit zweier Ereignis-mengen. Er gibt an, wieviele Marken sich auf einer verbindenden Stelle unter Berücksichtigung aller möglichen Prozesse maximal ansammeln können.

Eine *Netzklasse* oder ein Netztyp wird durch die Merkmale Markenanzahl pro Stelle und Unterscheidbarkeit der Marken charakterisiert.

Bedingung/Ereignis-Netze können nur *eine Marke* auf einer Stelle tragen. Alle Marken des Netzes sind jedoch ununterscheidbar.

Stellen von *Platz/Transitions-Netzen* haben eine Kapazität größer als Eins. Die Marken eines Netzes sind jedoch ununterscheidbar.

Stellen von *Prädikat/Transitions-Netzen* besitzen eine Kapazität größer oder gleich Eins und die Marken sind unterscheidbar.

Kanal/Instanz-Netze gehören keiner formalen Klasse an. Die Schaltregel ist nicht formalisiert anzuwenden.

LITERATURAUSWAHL

Die angegebene mathematische Literatur soll dem Leser über die in Klammern gesetzten Schlagwörter erste Hilfe bei der Suche sein. Die Titel speziell für Petri-Netze sind als Einführung und Überblick gedacht.

ALLGEMEINE MATHEMATISCHE TEXTE

E. HARZHEIM; H. RATSCHEK:
Einführung in die Allgemeine Topologie. Darmstadt 1975.
(Ordnung, Relation, Abbildung, Äquivalenzrelation, Metrik, metrischer Raum, Topologie)

G. LEßNER:
Elemente der Topologie und Graphentheorie. Freiburg i. B. 1980.
(Metrik, metrische Räume, Topologie, Graphen, Matrizendarstellung)

H. MESCHKOWSKI:
Einführung in die moderne Matehmatik. Mannheim 1964.
(Mengen, Formalismus, Verbände, metrische Räume, Topologie)

G. SZAZ:
Einführung in die Verbandstheorie. Budapest 1962.
(Mengen, Relationen, Ordnung, Verbände)

GRAPHENTHEORIE, NETZPLANTECHNIK

F. HARRARY:
Graphentheorie. München, Wien 1974.

J. SCHWARZE:
Netzplantechnik für Praktiker. Herne-Berlin 1974.

K. WAGNER:
Graphentheorie. Mannheim 1970.

PETRI-NETZE, ALLGEMEINE NETZTHEORIE

W. BRAUER (Hrsg.):
Net Theory and Applications - Proceedings of the Advanced Course on General Net Theory of Processes and Systems. Berlin (u. a.) 1980.

G. KAHN (Hrsg.):
Semantics of Concurrent Computation. Berlin (u. a.) 1979.

C.A. PETRI (Hrsg.):
Ansätze zur Organisationstheorie Rechnergestützte Informationstheorie. München-Wien 1979.

K. ZUSE:
Petri-Netze aus der Sicht des Ingenieurs. Braunschweig 1980.

LITERATUR ZUM LUFTHANSA-PROBLEM

G. BECHER:
Das Realzeitsystem der Deutschen Lufthansa, in: Datascope, 6. Jg., 18, 1975, S. 3 - 10.

P. FRANKE:
Die Analyse der Zuverlässigkeit von Flugplänen, Diss. Darmstadt 1972.

H. RICHTER:

Optimal Aircraft Rotations Based on Optimal Flight Timing, Vortragsunterlage zum AGIFORS-Symposium 1976. Princeton 1976.

H. RICHTER:

Experience With The Aircraft Rotation Model, Bericht der Deutschen Lufthansa, Nov. 23-27. (o.O.) 1970.

G. UEBE:

Optimale Fahrpläne. Berlin (u. a.) 1970.

PETRI-NETZE, ALLGEMEINE NETZTHEORIE (NACHTRAG)

D. ABEL:
Petri-Netze für Ingenieure: Modellbildung und Analyse diskret gesteuerter Systeme. Berlin (u. a:) 1990.

G. S. BASSEN:
Petri Net Application in the Design and Analysis of Expert System., New York 1989.

B. BAUMGARTEN:
Petri-Netze: Grundlagen und Anwendungen. Mannheim 1990.

W. BRAUER; W. REISIG; G. ROZENBERG (Hrsg.):
Petri nets: Band 1: Central models and their properties K; Band 2: Applications and relationships to other models of concurrency. Berlin (u. a.) 1987.

F. FELDBRUGGE:
Petri Net Tool Overview 1989. Berlin (u. a.) 1990.

U. GOLTZ:
Über die Darstellung von CCS-Programmen durch Petrinetze. Aachen 1988.

H. J. MUSSHOFF; U. WINAND:
Befehlslogik und normative Aspekte betrieblicher Planung. St. Augustin 1985.

L. PETERSON:
Petri Net Theory and the Modelling of Systems. Englewood Cliffs 1981.

W. REISIG:
Petrinetze - Eine Einführung. Berlin (u. a.) 1982 (2. Auflage 1986).

W. REISIG:
Systementwurf mit Netzen. Berlin (u. a.) 1985.

W. REISIG:

Petrinetze: Grundfragen, Konzepte, Konsequenzen. St. Augustin 1990.

B. ROSENSTENGEL:

Entwicklung eines Netz-Modells zur Erfassung einer petrochemischen Produktion. Bergisch Gladbach 1985.

G. ROZENBERG (Hrsg.):

Advances in Petri nets 1990 - 10th International Conference on Applications and Theory of Petri Nets. Berlin (u. a.) 1991.

G. SCHESCHONK:

Eine auf Petri-Netzen basierende Konstruktions-, Analyse- und (Teil-) Verifikationsmethode zur Modellierungsunterstützung bei der Entwicklung von Informationssystemen. Berlin 1984.

P. H. STARKE:

Analyse von Petri-Netz-Modellen. Stuttgart 1990.

S. ZELEWSKI:

Petrinetze für die Konstruktion und Konsistenzanalyse von logisch orientierten Problembeschreibungen. Arbeitsbericht 28 des Seminars für Allgemeine Betriebswirtschaftslehre, Industriebetriebslehre und Produktionswirtschaft der Universität zu Köln. Köln 1989.

SACHREGISTER

A

B

F

G

H

I

K

T

Expertensystemwerkzeuge

Produkte, Aufbau, Auswahl

von Mathias von Bechtolsheim, Karsten Schweichhart und Udo Winand

1991. X, 138 Seiten. Gebunden.
ISBN 3-528-05156-6

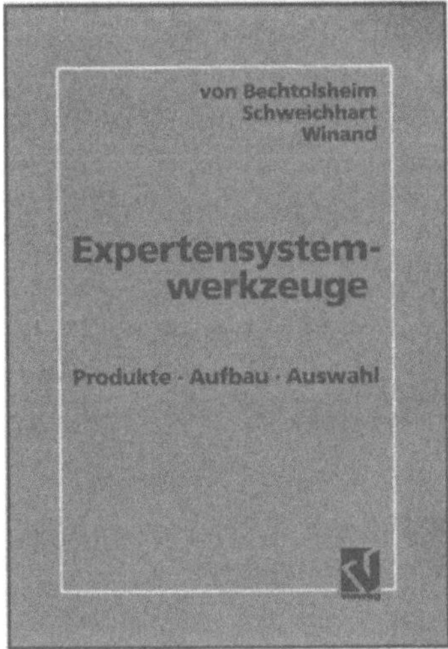

Der Markt der Softwarewerkzeuge, die dem Entwickler von Expertensystemen die Programmierung von Basis-Mechanismen abnehmen und ihm ein schnelles Prototyping ermöglichen, entwickelt sich derzeit außerordentlich dynamisch.

Dieses Buch ist Ergebnis einer Studie über das Angebot von Expertensystemwerkzeugen in der Bundesrepublik Deutschland.

- Es beschreibt systematisch die anwendungsrelevanten Leistungsmerkmale von Expertensystemwerkzeugen.
- Es präsentiert eine Einordnung der am Markt verfügbaren Produkte anhand dieser Leistungsmerkmale.
- Es bietet dem Anwender ein Auswahlverfahren anhand von Checklisten für die individuelle Werkzeugentscheidung.

Aktualität, Detailliertheit und weitgehende Vollständigkeit der Darstellung prädestinieren dieses Buch für die praktische Unterstützung des Expertensystementwicklers. Mit Hilfe dieser neuartigen, transparenten Produktübersicht wird er in die Lage versetzt, durch den Angebotsdschungel schnell und sicher hindurchzufinden und das für seine spezifischen Bedürfnisse geeignete Instrument auszuwählen.

Die Software zum Buch:
5 1/4"-Diskette für IBM PC und Kompatible unter MS-DOS ab Version 3.0.
Bestell-Nr. 128/02865

Verlag Vieweg · Postfach 58 29 · D-6200 Wiesbaden 1